世界初、人をだきあげるロボット「RI−MAN《リー・マン》」

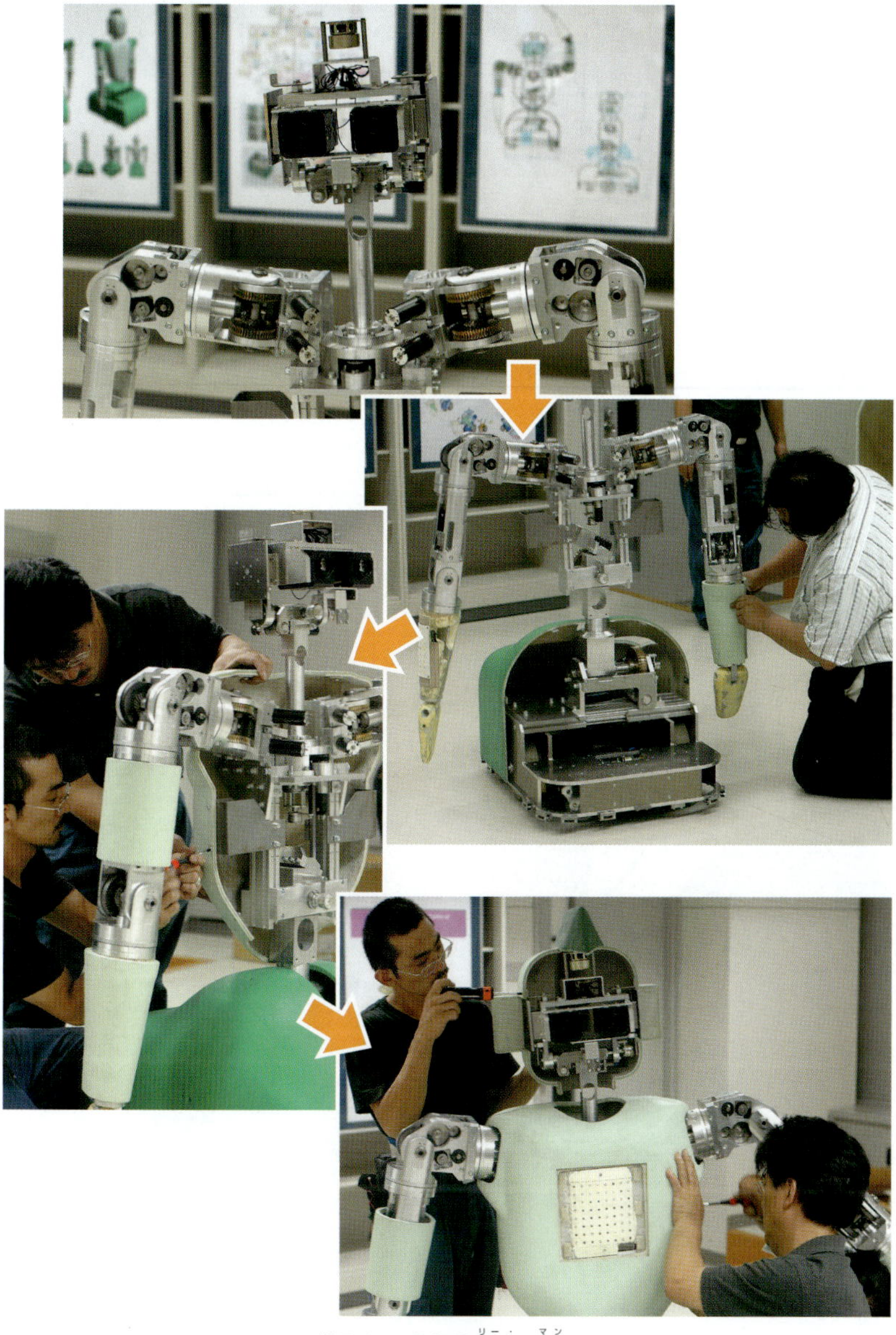

組みたてられるRI−MAN《リー・マン》

RI-MAN《リー・マン》がもっている、さまざまなしくみ

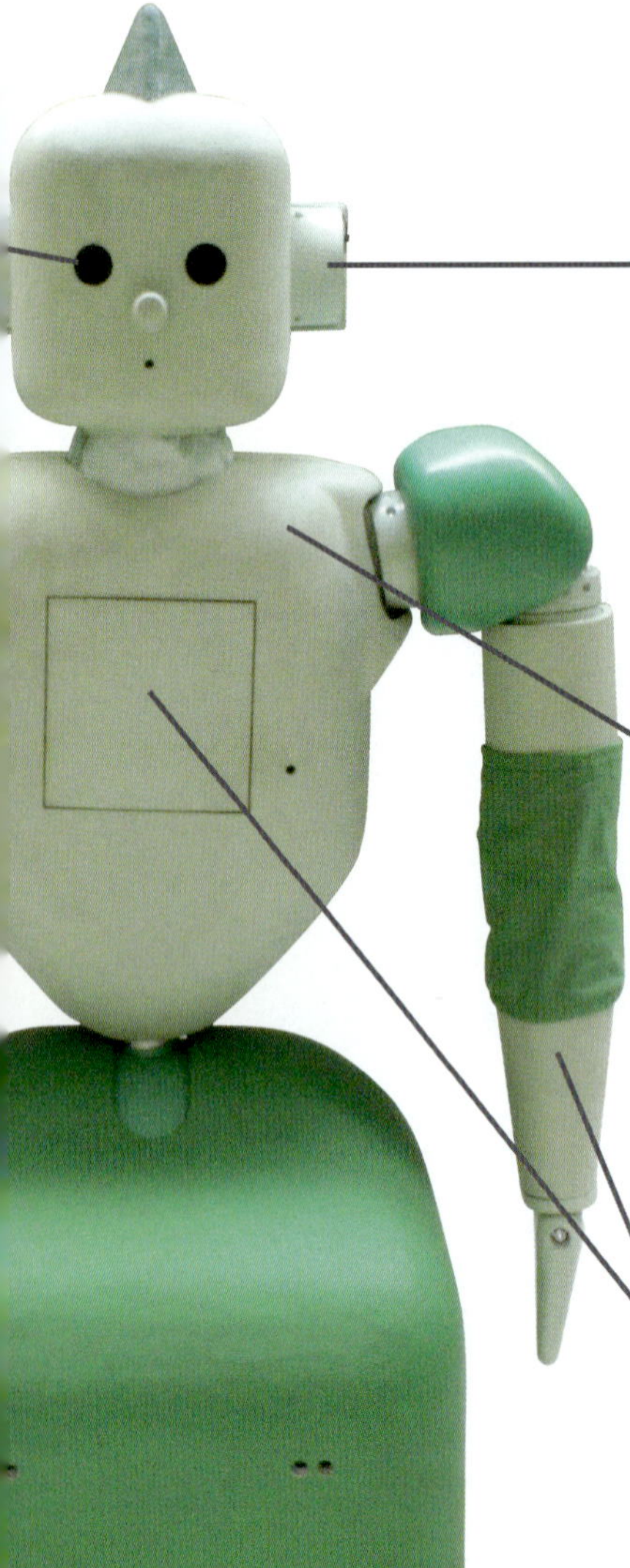

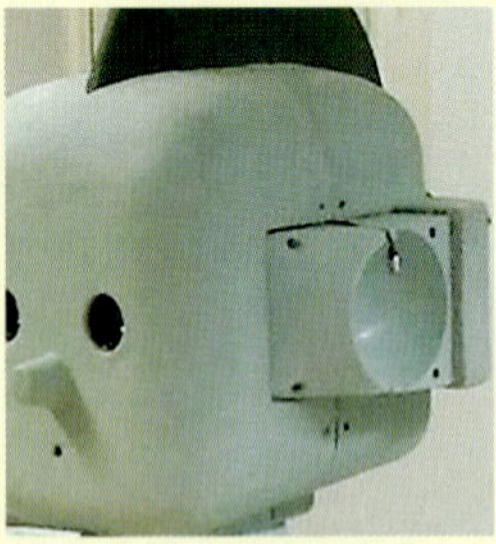

音がした方向をつきとめる
耳たぶ

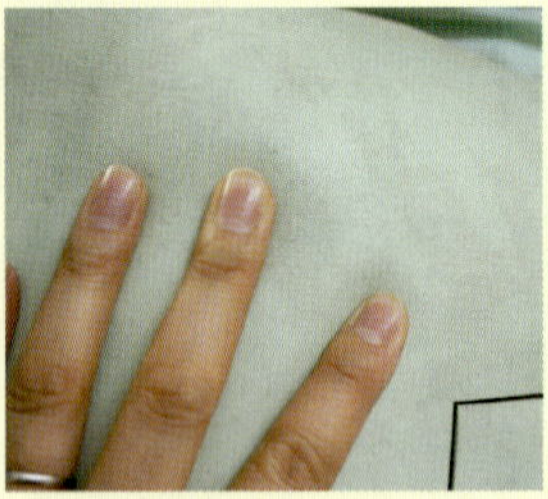

指でおすとへこむ、
やわらかな表面

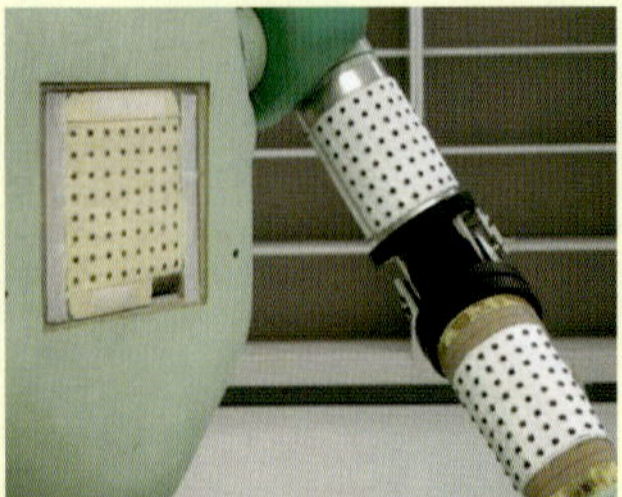

表面になにかがふれていることを
感じる、触覚《しょっかく》センサー

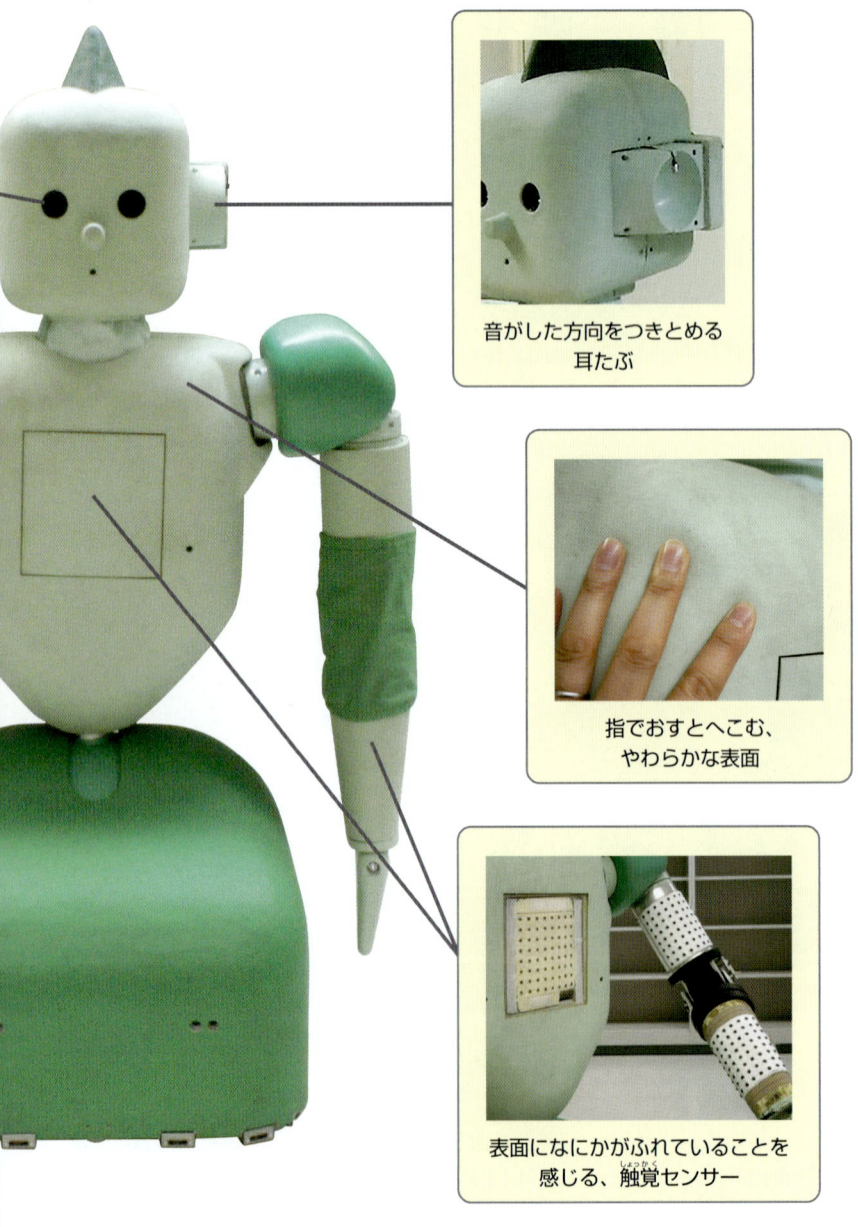

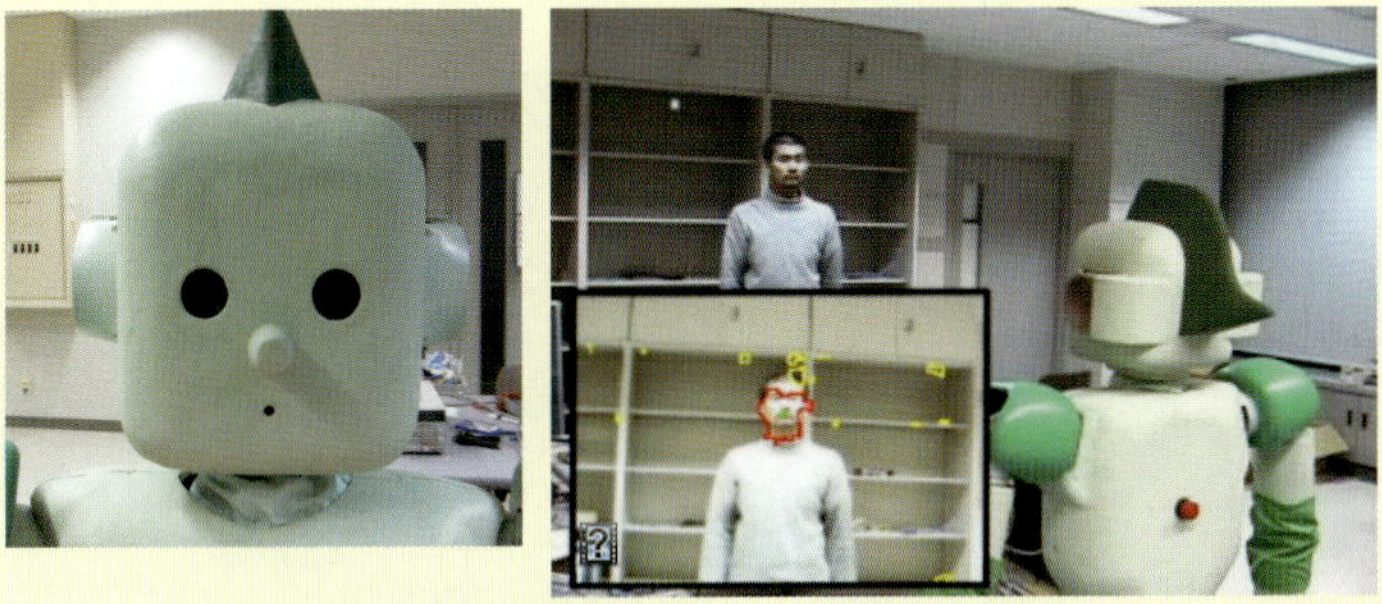

人間の顔を見つけ、追いつづける目

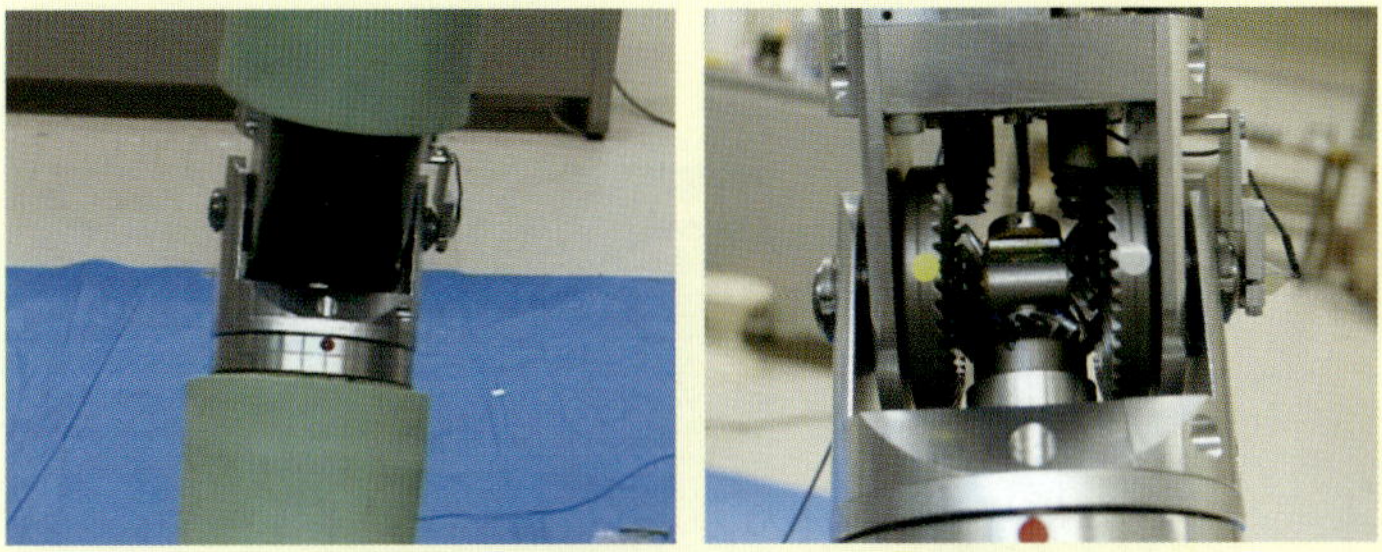

重いものを持ちあげる、うでの関節

あなを通ったにおいをかぎわける、においセンサー

RI-MAN《リー・マン》は、このようにして人間をだきあげる

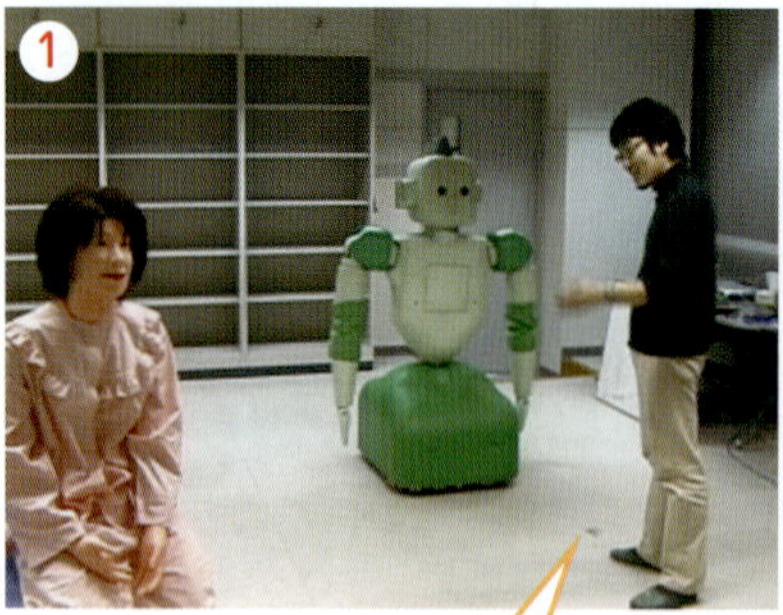

男性《だんせい》「あの人（人形）をだきかかえてください」

RI-MAN《リー・マン》「その、ベッドにいる人ですか」
男性「はい、そうです」
RI-MAN「わかりました」

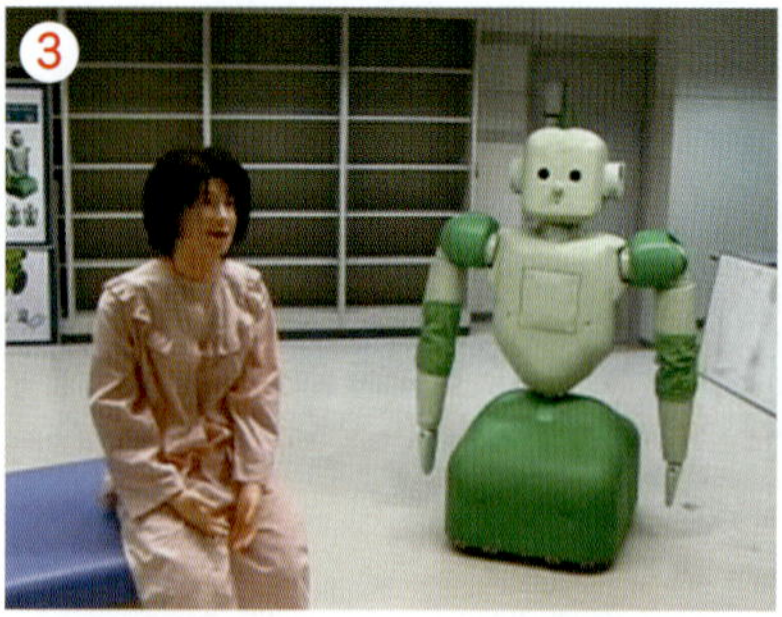

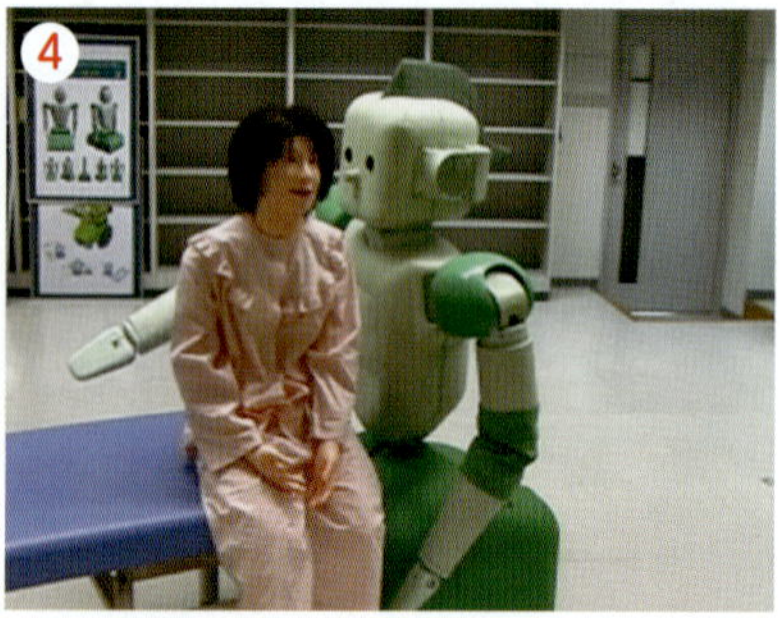

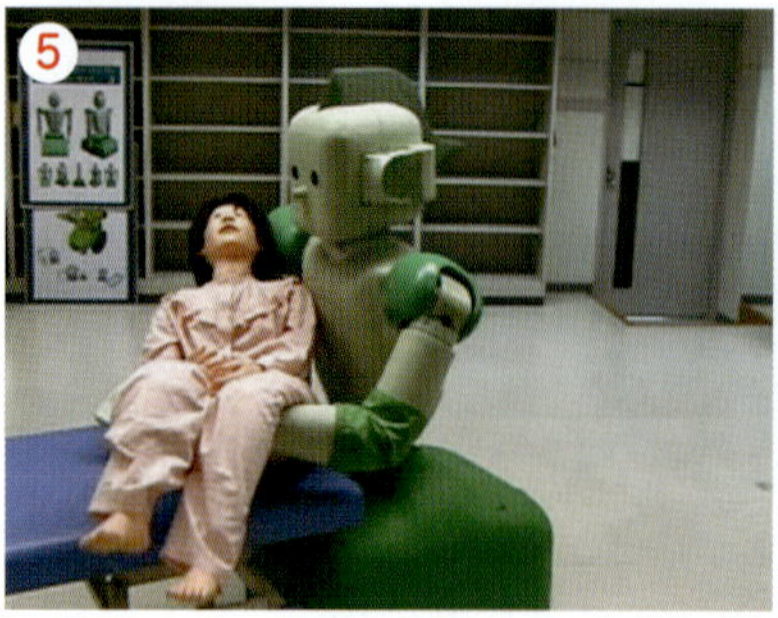

友だちロボットがやってくる

みんなのまわりにロボットがいる未来

神戸大学先端融合研究環教授　博士（工学）
羅　志偉

くもん出版

友だちロボットがやってくる

みんなのまわりにロボットがいる未来

もくじ

もくじ

＊写真や図版《ずはん》の帰属《きぞく》は、キャプションに記してあります。注記のないものは、すべて理化学《りかがく》研究所の帰属です。

友だちロボットがやってくる

みんなのまわりにロボットがいる未来

はじめに――世界初！人間をだきあげるロボット

生まれたのは二〇〇六年

「あの人（人形）をだきかかえてください」

こう命令すると、ロボットはあなたのほうへふりむき、ベッドを指さしながら、

「その、ベッドにいる人ですか」

と、確認《かくにん》する。

「はい、そうです」

と、あなたはいう。

「はい、わかりました」

と答えたロボットは、ベッドのほうへ進んでいき、ねていた状態《じょうたい》の人形をだきあげる。

このロボットの名は、「RI－MAN（リー・マン）」。わたしたちがつくりあげたロボットです。二〇〇六年に発表したRI－MANを、たくさんの新聞や雑誌《ざっし》、テレビ局がとりあげてくれました。日本だけではありません。外国からも、たくさんの人たちが取材に来ました。

なぜRI－MANは、こんなにも注目を集めたのでしょう。それは今、社会で大きな課題となっている、お年寄《としよ》りなどの介護《かいご》をめざしたロボットだったからです。それにもう一つ、世界で初めての、人をだきあげる動作をするロボットだったからです。

「え、ほんとう?」

みなさんは、そう思うかもしれません。

「今だって、まるで人間のように二本の足で歩くロボットや、じょうずにおどるロボットを見たことがあるよ。人をだきあげるなんて、簡単《かんたん》にできそうだけどなぁ」

たしかに最近、いろいろなロボットを、よく見かけるようになりましたね。「ロボコン」や「ロボカップ」など、ロボットの性能《せいのう》を競いあう大会のようすを、テレビや雑誌などで見

「ロボカップ」（提供：ヴイストン）

た人もいるでしょう。

今、世界じゅうでたくさんの研究者たちが、ロボットの研究をしています。なかでも日本は、ロボット研究がさかんで、世界トップレベルの研究がおこなわれています。

ロボットの〝脳《のう》〟はコンピューター。算数の計算なんて、簡単《かんたん》にできます。みなさんが見たこともないような、高校生や大学生が習う数式の計算だって、一瞬《いっしゅん》のうちに答えを出すことができます。

でもロボットには、できないことがまだたくさんあるのです。いや、できないことだらけ、といったほうがよいでしょう。

〝だきあげる〟ことはむずかしい

いったいどんなことが、ロボットにはむずかしいのでしょうか。それは意外にも、みなさんがふだん、なにげなくやっていることです。

わたしたちでも簡単にできるのに、ロボットにはできないこと、それはたくさんあります。その一つが、人をだきあげることです。

みなさんも、小さな弟や妹ならば、だきあげられますね。「いったい、なにがむずかしいの?」と思うでしょう。

もちろん、力の強い大きなロボットをつくって、横になっている人をひょいっとつまみあげる、なんてことは簡単です。でも、そんなことをされたら、つまみあげられる人は痛《いた》くてしょうがないでしょう。

みなさんが人をだきかかえるときには、相手が痛がらないように、うで全体を使ってかかえるはずです。そして、だきかかえられた人がもし動いても、ずれおちないように、うでを曲げる角度や力を調節しますね。それが、ロボットにはむずかしいのです。

じつはわたしも、人をだきあげる動作がどれだけむずかしいことなのかに、RI－MAN《リー・マン》をつくることで初めて気づきました。そして、あらためて、わたしたちの体のしくみのすばらしさ、ふしぎさを感じました。

この本では、わたしがRI－MANをはじめとするロボット研究で学んだこと、考えたこと、感じたことを、みなさんにお伝えしていきたいと思います。

わたしは中国《ちゅうごく》の出身です。少年時代には、中国のいなかで育ちました。小学校のときの暮《く》らしは、みなさんとはずいぶんとちがったものでした。あとで、その当時のお話もしましょう。

中国の大学を卒業して、日本に来たのは二二歳《さい》のときです。名古屋《なごや》大学の大学院で学び、博士《はくし》となりました。

そして、理化学《りかがく》研究所という、日本を代表する研究所の研究者となって、若《わか》い研究者たちといっしょにRI－MANをつくったのです。

そして今は、神戸《こうべ》大学で若《わか》い学生たちとともに、新しいロボットをつくる研究をしています。

まずは、ロボットとはいったいなにか、そしてわたしたちがどのようにしてRI《リー・》MAN《マン》をつくっていったのか、それから始めることにします。

第一章　ロボットのことを考えてみよう

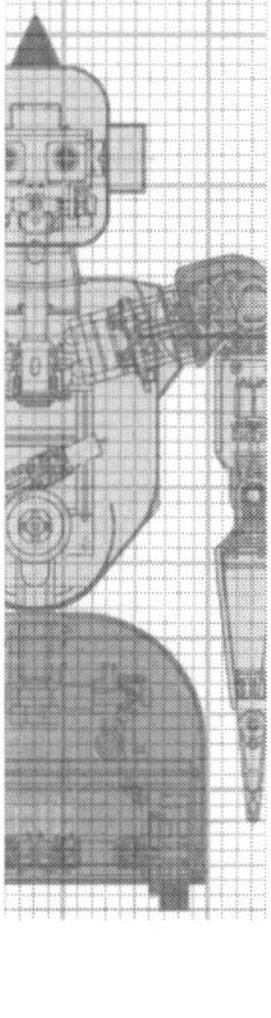

いろいろな場所で活躍《かつやく》するロボット

ロボットについてみなさんは、どんなイメージをもっていますか。「鉄腕《てつわん》アトム」のように人間と同じような姿《すがた》をしていて、わたしたちと会話をしたり、人間ができないようなこともやってくれる……、そんな感じでしょうか。

日本のまんがやアニメには、さまざまなロボットが登場します。わたしのなかまの若い研究者たちには、子どものころにまんがやアニメを見てロボットに興味《きょうみ》をもち、研究者になったという人も多いですよ。

そもそも「ロボット」ということばは、一九二〇年代に、当時のチェコスロバキア共和国《きょうわこく》のチャペックという劇作家《げきさっか》が、作品の中で初めて使ったことばです。チェコ語で働くという意味の「ＲＯＢＯＴＡ《ロボタ》」からつくったそうです。

人間のかわりに自動的に働いてくれる機械に、ロボットということばが使われています。ですから、人間の形をしていない機械にも、ロボットということばを使います。

　たとえば火星では、アメリカの探査機《たんさき》「フェニックス」が活躍《かつやく》しました。フェニックスは人間のかわりに火星に行き、いろいろな探査をしたのです。

　そして二〇〇八年六月、火星の地下に氷になった水があることを確認《かくにん》しました。フェニックスのような惑星《わくせい》探査機は、「惑星探査ロボット」とよばれます。

　無人で、自動的に海中を探査できる潜水船《せんすいせん》が、「海中探査ロボット」です。日本の海洋研究開発機構《きこう》の「うらしま」は、深海を自力で航行して、自動観測《かんそく》をおこなうことが可能《かのう》なロボットです。人が乗った潜水船では危険《きけん》で近づけない、海底火山などを探査することができます。

　このように、惑星や深海など、わたしたちがなかなか行けない場所、危険な場所でロボットの活躍が

アメリカの火星探査機「フェニックス」
（提供：NASA/JPL/UA/Lockheed Martin）

深海巡航《じゅんこう》探査機「うらしま」（提供：海洋研究開発機構）

期待されているのです。

生物の形に似《に》たロボットも、開発されています。

たとえば神戸《こうべ》大学の大須賀公一《おおすかこういち》教授《きょうじゅ》たちは、災害現場《さいがいげんば》のがれきの中を進み、助けを求めている人をさがしだすヘビ型ロボットの開発を進めています。

一九九五年の阪神《はんしん》・淡路大震災《あわじだいしんさい》をきっかけに、日本の多くのロボット研究者が、災害現場で役立つロボットの実現《じつげん》をめざすようになりました。

二〇〇八年、わたしの母国の中国《ちゅうごく》では四川大地震《しせんおおじしん》、日本でも岩手《いわて》・宮城《みやぎ》内陸地震などが起きました。災害現場でロボットが活躍して、ひとりでも多くの人たちを助ける手伝いをすること。それを一日でも早く実現できるように、わたしたちロボット研究者はがんばらなければいけません。

がれきの中から人をさがしだすロボット「モイラ2」
（提供：神戸大学／大須賀研究室）

工場を飛びだしはじめたロボット

じつは、日本ではとてもたくさんのロボットが働いていて、「ロボット王国」といわれています。

でも、「身近で、ほんもののロボットを見たことないよ」という人が多いかもしれません。それもそのはずです。多くのロボットは、みなさんのまわりにはいないのです。

では、どこにいるのでしょうか。

ほとんどのロボットは、工場の中にいます。学校の社会科見学などで自動車工場に行った人なら、たくさんのロボットが自動車を組みたてているところを見たことがあるでしょう。

実際《じっさい》にロボットが本格的《ほんかくてき》に使われはじめたのは、一九六〇年代です。それは、工場の中で働くロボットでした。このようなロボットは、「産業用ロボット」とよばれます。

日本では割合《わりあい》でいうと、世界じゅうの産業用ロボット一〇台のうちの六台をつくっています。日本は、ロボット技術《ぎじゅつ》がとても進んだ国なのです。

ロボットはたとえば、自動車工場の中で、車体のある決まった場所に決められた部品を取りつける、といった作業をすばやく、とても正確《せいかく》に、何度でもくりかえしておこなうことができます。だから、工場の中で大活躍《だいかつやく》しているのですね。

最近になってロボットは工場を飛びだし、少しずつ、街やオフィス、家の中で見かけるようになりま

自動車に色をぬる産業用ロボット（提供：安川電機）

した。ソニーの「AIBO《アイボ》」というエンタテイメントロボットや、ホンダの人型ロボット「ASIMO《アシモ》」が歩く姿《すがた》を見たことがある人も多いでしょう。

なぜ、工場の外で活躍《かつやく》できない？

しかしまだ、〝わたしたちの身の回りで、ロボットが大活躍！〟というわけではないですね。工場の中では大活躍しているロボットが、工場を飛びだすとあまり活躍できないのは、いったいなぜでしょう。

工場の中では、ロボットは、ある決められたことだけをしていればよいのです。もちろん、そこには、すごい技術が使われています。でも、今日と明日で作業の内容《ないよう》がことなるわけではありません。決められたことを、正確に、すばやくやる、それが求められる仕事をしています。

ところが、街や会社のオフィス、家庭の中で求められる仕事はどうでしょう。

わかりやすい例として、そうじをするロボットで考えてみましょう。

エンタテイメントロボット「AIBO」（提供：ソニー　※販売終了）

ある決められた場所を動きまわり、ゆかのごみを吸《す》いこむという動作は、今のロボットでも簡単《かんたん》にできます。

しかし、あるとき、ゆかにお金が落ちていたとします。あなただったら、お金を拾いますよね。

では、おそうじロボットの場合はどうでしょう。お金のことをあらかじめ教えておかないことには、ごみといっしょに吸いこんでしまいます。ロボットにお金の形を記憶《きおく》させて初めて、吸いこまないようにさせることができるのです。

では、ダイヤモンドが落ちていたら？　それも記憶させておきましょう。

あなたが大切にしているゲームのカードが落ちていたら……。切りがありませんね。

そんなおそうじロボットに向かって、「ごみなのか、大事なものなのか、そんなの常識《じょうしき》でわかるだろ！」と、みなさんはおこりたくなるでしょう。

でも、どうやったらロボットに、常識を身につけさせることができるのか……。それがロボット研究で、もっともむずかしいテーマの一つです。

工場の中は、決められた場所に、決められた物が置いてあります。身の回りのようす、つまり「環境《かんきょう》」がつねに変わらないようにしてあります。

いっぽう、学校や家では、ときには大切な物が落ちていたり、ごみがいつもよりたくさんあったりと、環境が毎日変わりますね。街で働くロボットは、日ごと、その時どきで変わる環境に合わせて働かなければいけません。だから、さまざまな環境に合わせて仕事をするための常識やかしこさが、ロボットには必要なのです。それが、「知能《ちのう》」とよばれるものです。

ロボットをつくる研究の中で、知能とはなにかについて、わたしはいつも考えています。じつは、知能とはなにかという問題は、研究者の間でも、いろいろな意見があるのです。

この本では、かしこさや知能についても、みなさんといっしょに考えていきたいと思います。

みなさんの知能《ちのう》を育てるようなロボット

みなさんは、どんなロボットがあったらいいな、と思いますか。

たとえば「ドラえもん」は、友だちのようなロボットですね。ドラえもんは二二世紀につくられたそうですが、友だちのようなロボットは将来《しょうらい》、ほんとうにできるのでしょうか。

友だちロボットができるかどうかのポイントの一つは、常識や知能をロボットに身につけさせることができるかどうか、それにかかっています。みなさんにも、常識がない友だちとつきあって、たいへんな思いをした経験《けいけん》があるかもしれませんね。

ここで少し、みなさんとは、どんな友だちロボットが必要なのかを考えてみることにしましょう。

工場を飛びだしたロボットには、さまざまな環境に合わせて仕事をする知能が必要だと、さきほどいいました。では、わたしたち人間はどうやって、知能《ちのう》を身につけるのでしょう。

それには、知能が必要となるような、複雑《ふくざつ》で豊《ゆた》かな環境《かんきょう》が必要です。といっても、むずかしいことではなく、とくべつな環境が必要なわけではありません。

みなさんの学校のクラスには、スポーツや算数が得意な人、図工や音楽が得意な人、やさしい人、わがままな人など、いろいろなタイプの友だちがいますよね。そして、友だちどうしで助けたり、助けられたり、ときにはけんかしたりと、いろいろなことを体験します。そのような環境こそが、かしこさや知能を育てるのに必要なのです。

もし、宿題も遊びも、友だちづきあいも、なにもかもやってくれる友だちロボットとずっといっしょにいたら、あなたの知能は育ちません。なぜなら、環境が単純《たんじゅん》になってしまうからです。単純な環境とは工場の中のようなもので、それは変化がなく、決められたことが決められたとおりに進む毎日です。

友だちロボットが、なんでもいうことを聞いて、助けてくれる。そういう環境で育つとみなさんは、工場のロボットのようになってしまうでしょう。決められたことはすばやく、正確《せいかく》にできるかもしれません。でも、少しでも状況《じょうきょう》が変わったら、なにもできない人間になってしまうかもしれないのです。

みなさんには、お兄さんやお姉さんのようなロボットができればいいなと、わたしは思っています。いっしょに遊んだり、勉強したり、けんかをしたり、ときにはきつくしかってくれるロボットです。

わたしには、四人の姉がいます。最近は、日本でも中国《ちゅうごく》でも、兄弟の数が少なくなっています。お兄さんやお姉さんのようなロボットをつくり、身の回りの環境をもっと豊かで、複雑なものにして、みなさんにはその中で、じゅうぶんに知能を育ててほしいと願っています。

でもロボットが、わたしたちの友だちのかわりしかできないのなら、あまりつくる意味はないでしょう。

人間にはできて、ロボットにはできないことがまだまだたくさんあるいっぽうで、ロボットにしかできないこともあります。ロボットの脳《のう》は、コンピューターです。たとえば、たくさんの知識《ちしき》を記憶《きおく》したり、インターネットを利用して必要な情報《じょうほう》や、新しい友だちを探《さが》しだしたりすることは得意です。

そのような、ロボットが得意なことを生かし、友だちのように遊んでくれて、わたしたちのかしこさや知能をのばしてくれる――そんな友だちロボットが、いつかできればいいですね。

お年寄《としよ》りの割合《わりあい》がふえていく社会

近い将来《しょうらい》のことでいえば、ぜひロボットにやってほしいと考えていることがあります。それは、お年《とし》寄《よ》りや病人の世話をする介護《かいご》です。わたしたちがつくったＲＩ－ＭＡＮ《リー・マン》も、介護用ロボットの実現《じつげん》をめざしてつくった研究用のロボットです。

介護《かいご》の現場《げんば》で、お年寄《としよ》りの一日の生活をよく観察すると、介護用ロボットに期待される仕事は六通りに分けられます。「服を着る手伝い」、「移動《いどう》の手伝い」、「食事の手伝い」、「おふろの手伝い」、「おむつの交換《こうかん》」、そして「会話の相手をしてあげること」です。

今まで人間がやっていたお年寄りの介護を、なぜロボットに手伝ってもらう必要があるのでしょうか。

「少子高齢化《しょうしこうれいか》」ということばを、みなさんも聞いたことがあるでしょう。お年寄りの数がどんどんふえ、反対に子どもや若《わか》い人の数は減《へ》っています。

現在《げんざい》、日本では六五歳《さい》以上の人の半分くらいが、ひとりか、夫婦《ふうふ》二人で暮《く》らしているそうです。

また、親が病気になっても、いろいろな事情《じじょう》で介護できない人たちがふえている、と考えられます。じつは、わたしもそのひとりです。中国《ちゅうごく》にいる母が病気でねたきりですが、日本にいるわたしには介護することができません。まわりの人たちに助けてもらっています。

日本で少子高齢化が今のまま進んだ場合、近い将来《しょうらい》に、若い人が少なく、年をとった人が多くなります。年齢《ねんれい》別のグラフにしてみると、逆《ぎゃく》ピラミッド型になります。これは、人類の長い歴史の中で、初めて体験することなのです。

逆ピラミッドの形はバランスが悪く、ひっくりかえってしまいそうですね。お年寄りが多く、若い人が少ないという社会が、ほんとうにうまくいくのでしょうか。

2055年の人口ピラミッド
（『日本の将来推計《すいけい》人口（平成18年12月推計）』国立社会保障《ほしょう》・人口問題研究所より）

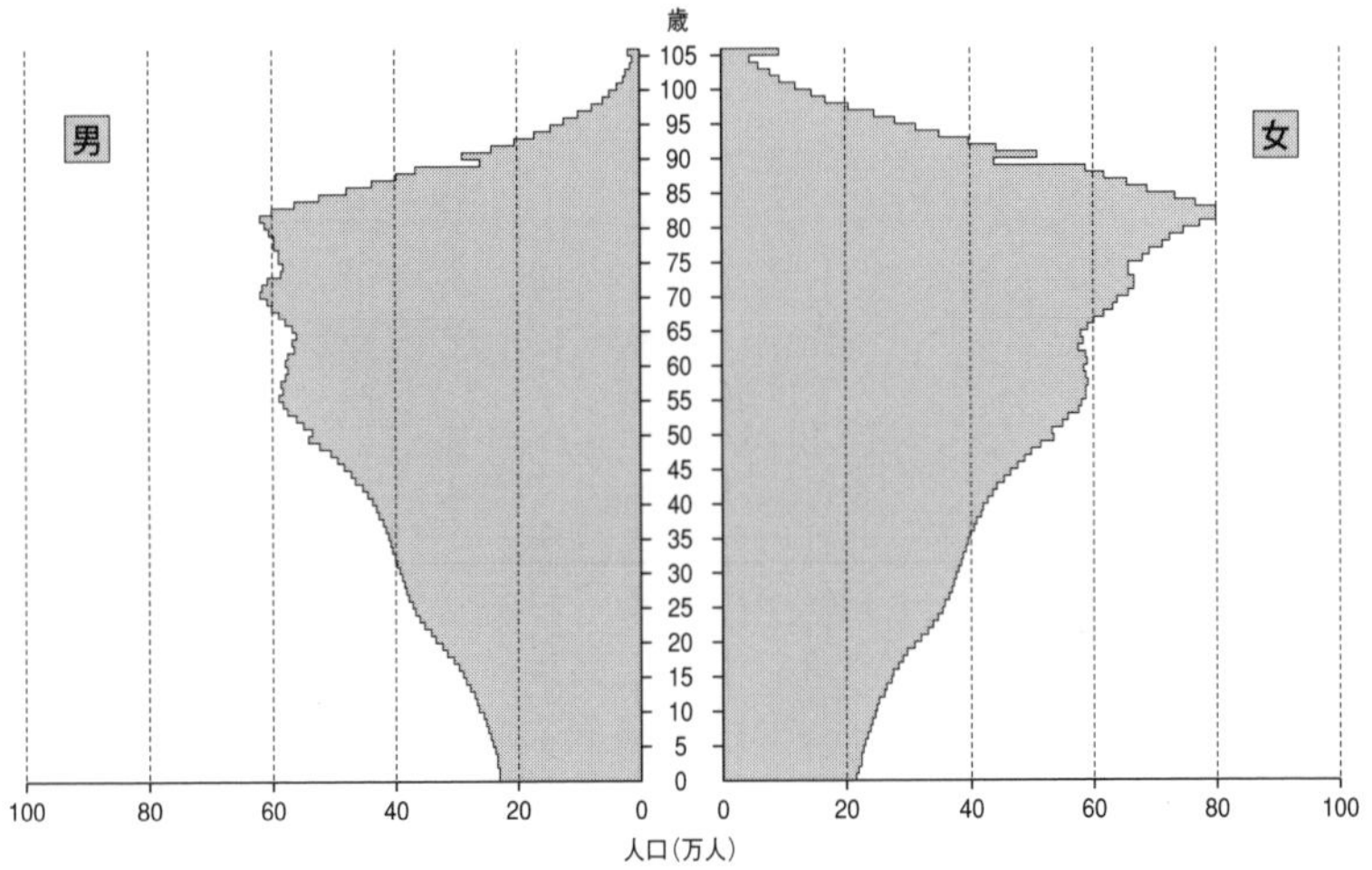

いったいだれが、お年寄りの世話をするのでしょうか。

しかも日本では、お年寄りの割合《わりあい》がふえるスピードがとても速いのです。一九九五年に六五歳以上の人は約一五％でしたが、二〇一五年には約三〇％になると予測《よそく》されています。二倍になるのに、二〇年しかかからないのです。

外国の若い人たちに、もっと日本に来てもらえばいい？　でも、わたしの母国、中国でもお年寄りの割合がどんどんふえています。中国だけでなく、日本周辺のアジアの国ぐにでも、少子高齢化が進んでいます。みなさんが大人になるころには、外国の若い人をたよりにすることができないかもしれません。

介《かい》護《ご》用《よう》ロボットをつくりたい

この問題の解決策《かいけつさく》の一つが、介護用《かいごよう》ロボットなのです。ただし、介護用ロボットが必要だとわたしが思うのは、親の介護をロボットにまかせればいい、と考えるからではけっしてありません。

いろいろな事情《じじょう》で、介護したくてもできない人がたくさんいるのです。そのような人がこれからもっとふえる、と予想されています。

まただれもが、介護のすべてを自分の子どもにしてほしいと思うとは限《かぎ》りません。

たとえば年をとり、病気になると、下着をよごしてしまうこともあります。はずかしいと思っても、しかたがないことです。体の不自由な人は、だれかにたのんで、下着を新しいものに取りかえてもらうしかありません。もしかするとこんな場合に、人にたのむよりロボットにたのみたい、と思う人が多いかもしれませんね。

介護は、とてもたいへんな仕事です。心も体もくたくたになってしまうことがあります。つかれてしまうと、ついつい、介護している相手につらく当たってしまう場合があるでしょう。

ロボットが介護の一部でも手助けできれば、介護する人も、介護される人も、笑顔でいられると思うのです。

友だちロボットと同じで、介護でも、ロボットにしかできない能力《のうりょく》を生かすことができるはずです。

ロボットなら、介護される人が今までどんな病気をしてきたのかを全部記憶《きおく》できます。二四時間、三六五日休まずに、体に異常《いじょう》がないかを、ずっと見まもることだってできるでしょう。それも一人だけでなく、たくさんの人を同時に、一台でできるのです。

ロボットならではの能力を生かせば、もっとわたしたちの役に立つ介護用ロボットができる。だから、それをつくることが、わたしの大きな夢《ゆめ》の一つ、というわけです。

さらに、人間のめんどうをみるロボットがどうしても必要になるようなことが、これから起きるかもしれません。わたしがもっとも心配しているのは、新型インフルエンザなどの人から人へうつる病気、感染症《かんせんしょう》が広がったときのことです。

たとえば一九一八年に流行した、当時の新型インフルエンザ「スペインかぜ」によって、世界で約四千万人、日本国内だけでも約三九万人がなくなりました。今は、そのときよりも飛行機が飛びかい、新型インフルエンザはあっという間に世界じゅうで流行するだろう、といわれています。

たくさんの患者《かんじゃ》が出ると、お医者さんや看護師《かんごし》さんたちもいそがしくて、全員に手が回らなくなってしまいます。そんなとき、ロボットが助けになればと思います。

お兄さんやお姉さんのような友だちロボット、あなたのおじいさんやおばあさんを世話してくれる介《かい》護用《ごよう》ロボット、そして、あなたが感染症《かんせんしょう》になったときに介抱《かいほう》してくれる看護用《かんごよう》ロボットなどは、ほんとうに実現《じつげん》できるのでしょうか。

わたしたちがどのようにしてＲＩ－ＭＡＮ《リー・マン》をつくりあげたのかをお話しする中で、具体的に考えていきましょう。

第二章　めざすのは、人間をだきあげること

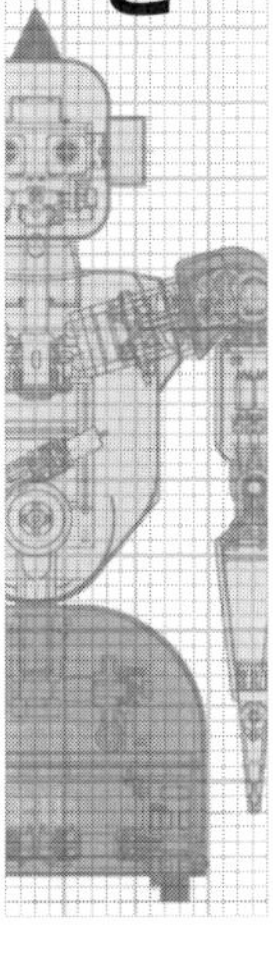

研究者どうしが一年間もけんか!?

わたしは一九八六年に来日し、名古屋《なごや》大学で学んで工学博士《はくし》となり、一九九四年に理化学《りかがく》研究所の研究員になりました。

理化学研究所（略《りゃく》して、理研《りけん》とよばれています）は一九一七年に設立《せつりつ》された、日本を代表する研究所です。ノーベル物理学賞を受賞した湯川秀樹《ゆかわひでき》博士や朝永振一郎《ともながしんいちろう》博士が活躍《かつやく》した研究所としても有名です。理研では、物理学、工学、化学、生物学、医科学など、さまざまな分野の研究が進められています。

この理研に一九九三年、「バイオ・ミメティックコントロール研究センター」という新しい研究機関ができました。わたしはこのセンターの研究員となり、ロボット研究を本格的《ほんかくてき》に始めたのです。「バイオミメティック」とは、生物のすばらしい能力《のうりょく》をまねる研究、という意味です。

人間や生物には、今のロボットではできない、たくさんのすぐれた能力があります。たとえば、二本の足ででこぼこ道を走ったりするなどの「運動能力」、さまざまなにおいをかぎわけたりするなどの「感覚能力」です。

生物に学びながら、このような運動や感覚の能力《のうりょく》をロボットにもたせるための研究を進めています。

二〇〇一年、この研究センターに、四つの新しい研究チームができました。

「生物制御《せいぎょ》システム研究チーム」、「運動系《けい》システム制御理論《りろん》研究チーム」、「生物型感覚統合《とうごう》センサー研究チーム」、「環境適応《かんきょうてきおう》ロボットシステム研究チーム」です。すみません、どれもこれもむずかしそうな名前ばかりですね。これらの研究チームが協力して、一つのロボットをつくることになりました。

バイオ・ミメティックコントロール研究センター
〔現《げん》・理研《りけん》名古屋《なごや》支所《ししょ》〕

最初に、どんなロボットをめざすのかを、みんなで話しあいました。意見をぶつけあうのです。もちろん、なぐりあいをするわけではないのですが、しんけんな〝けんか〟です。十数名の研究者たちが約一年間、けんかを続けました。

RI－MAN《リー・マン》をつくるのに全部で三年間かかりましたが、そのうちの一年間はけんかをしていたのです。それぞれの研究員には、ロボットに対するいろいろな考えかたや見かたがあります。さまざまな意見をもった人たちがしんけんにけんかをしなければ、新しいロボットは生みだせません。

まず、どんなことができるロボットをつくるのかで、けんかになりました。意見は、大きく二つに分かれました。

一つは、走る、ジャンプする、飛ぶ、泳ぐなど、移動《いどう》ができるロボット。

もう一つは、ボールを投げたり、けん玉をしたりなど、なにかを操《あやつ》ることができるロボットです。

そのころ、ホンダの「ASIMO《アシモ》」が大きな話題になっていました。テレビのコマーシャルにも出ていますね。人間のように、二本足で歩くロボットです。

一九九〇年代の中ごろにホンダが、二本足で人間のように歩くロボットを世界で初めて発表し、世の中のロボットに対する関心がいっきに高まりました。そして二〇〇〇年、ホンダはついに、ASIMOを発表したのです。

2000年に発表された「ASIMO」
（提供：Honda）

わたしたちが、どんなロボットをめざすのかと、けんかを始めたのはその翌年《よくねん》です。正直にいうと、「今さら移動《いどう》型《がた》ロボットをつくっても、ASIMOより大きな注目を集めることはむずかしい」といった意見もありました。

理研《りけん》は、世界でだれもやっていない研究をしよう、というところです。お米づくりにたとえると、ほかの人がつくった田んぼで、もっとたくさんの米がとれるように研究するところではないのです。なにもなかった荒《あ》れ地《ち》を開拓《かいたく》して、田んぼをつくろうという研究所です。

だから、なにかを操作《そうさ》することのほうが、世界でだれもやっていない、まったく新しいロボットができそうだ、という意見が出てきました。

工場の中のロボットは、たとえば材料を切ったり、曲げたり、ねじで止めたりして、正確《せいかく》に機械を組みたてることができます。しかし、わたしたちのふだんの生活に役立つことで、なにかを操《あやつ》るようなタイプのロボットは、まだあまりなかったからです。それは今でもまだ、ほとんどありません。

けんかを始めて二か月から三か月で、どちらのタイプをめざすか、決着がつきました。なにかを操るロボットをめざそう、ということになったのです。

再《ふたた》び始まったけんか

では、なにを操るのか。そこでまた、わたしたちはけんかを始めました。

人をおふろに入れる、ボールを投げる、ペン回しなど、いろいろな意見が出ました。

ペン回しは、手の指でペンをくるりと回す遊びですね。みなさんの中にも、できる人がいるでしょう。

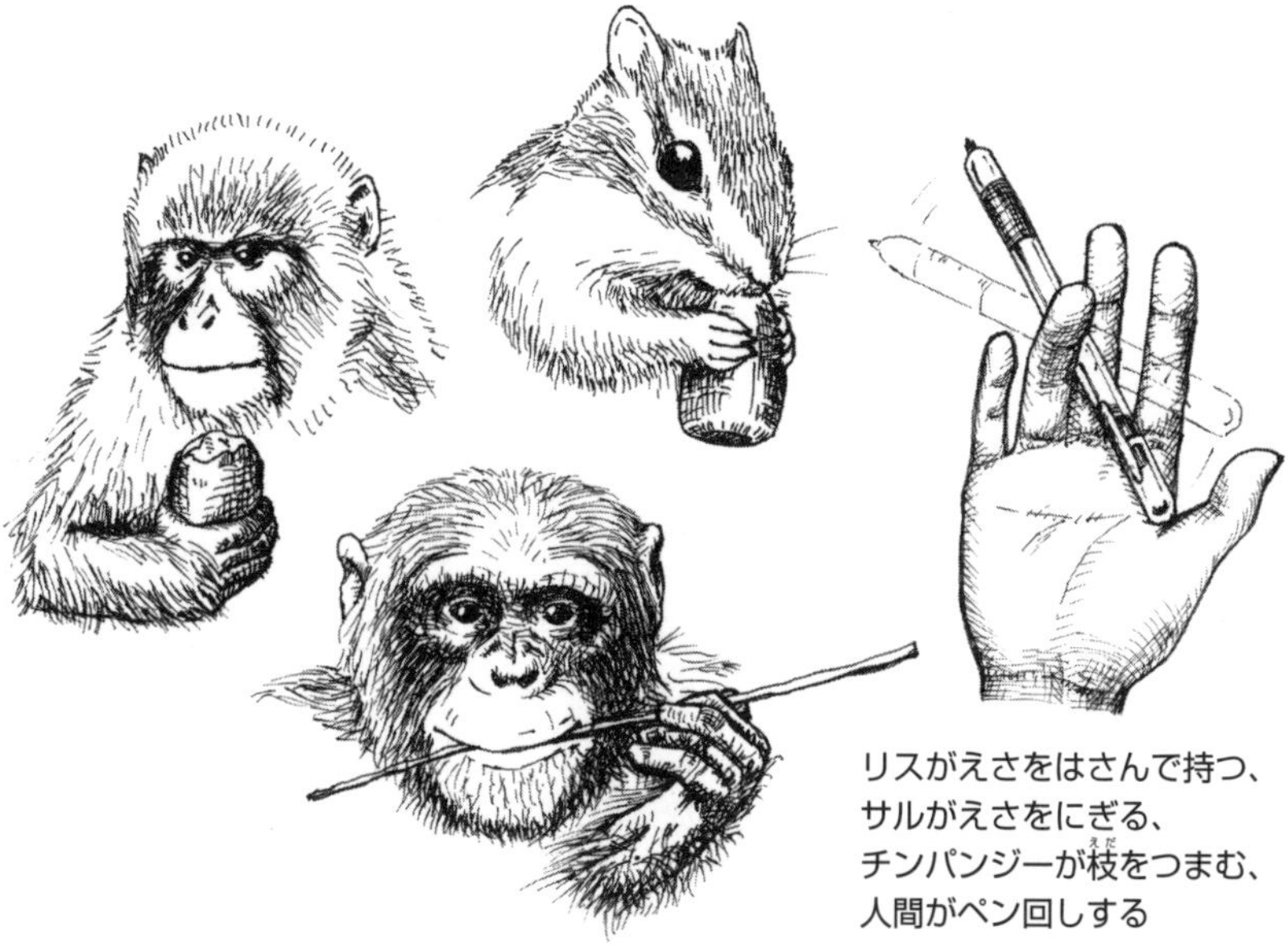

リスがえさをはさんで持つ、
サルがえさをにぎる、
チンパンジーが枝《えだ》をつまむ、
人間がペン回しする

このペン回しができるのは、わたしたち人間だけです。チンパンジーにさえ、できません。

人間と動物をくらべると、速く走るなど、移動《いどう》する能力《のうりょく》が人間よりもすぐれている動物はたくさんいます。

いっぽう、物を操作する能力は、人間がとても発達しています。それは、足を四本とも使って地上を移動していた動物が、木に登るようになったことで、二本の前足と二本の後ろ足のはたらきを使いわけたからです。

サルは手で、くだものなどを器用にもぎとることができます。手が器用に使えるようになって、脳《のう》の発達が加速したという説もあります。

ネズミなど原始的な動物は、両手の手のひらで、物を「はさんで持つ」ことができます。サルになると、親指とそれ以外の四つの指で、物を「にぎる」

ことができるようになります。

そしてチンパンジーになって初めて、物を「つまむ」ことができるようになるのです。物をきちんとつまむには、親指と人さし指や中指の力がバランスよく、一直線上に並《なら》ぶ必要があります。ちょっとでもずれると、くるっと回ってしまいます。

それでも、チンパンジーは人間のように、つまんだものを器用に操《あやつ》ることはできません。いくら練習をさせても、ペン回しはできないでしょう。

「はさんで持つ」、「にぎる」、「つまむ」という三種類のやりかたを使いわけ、物をたくみに操ることができるのは人間だけです。今、ロボットにペン回しをさせる研究をしている研究者がいますが、ロボットにも、まだまだとてもむずかしいことなのです。


このペン回しなど、人間にしかできない動作をするロボットも考えたのですが、けっきょくは人間をだきあげるロボットをつくろう、ということになりました。介護《かいご》をめざしたロボットです。

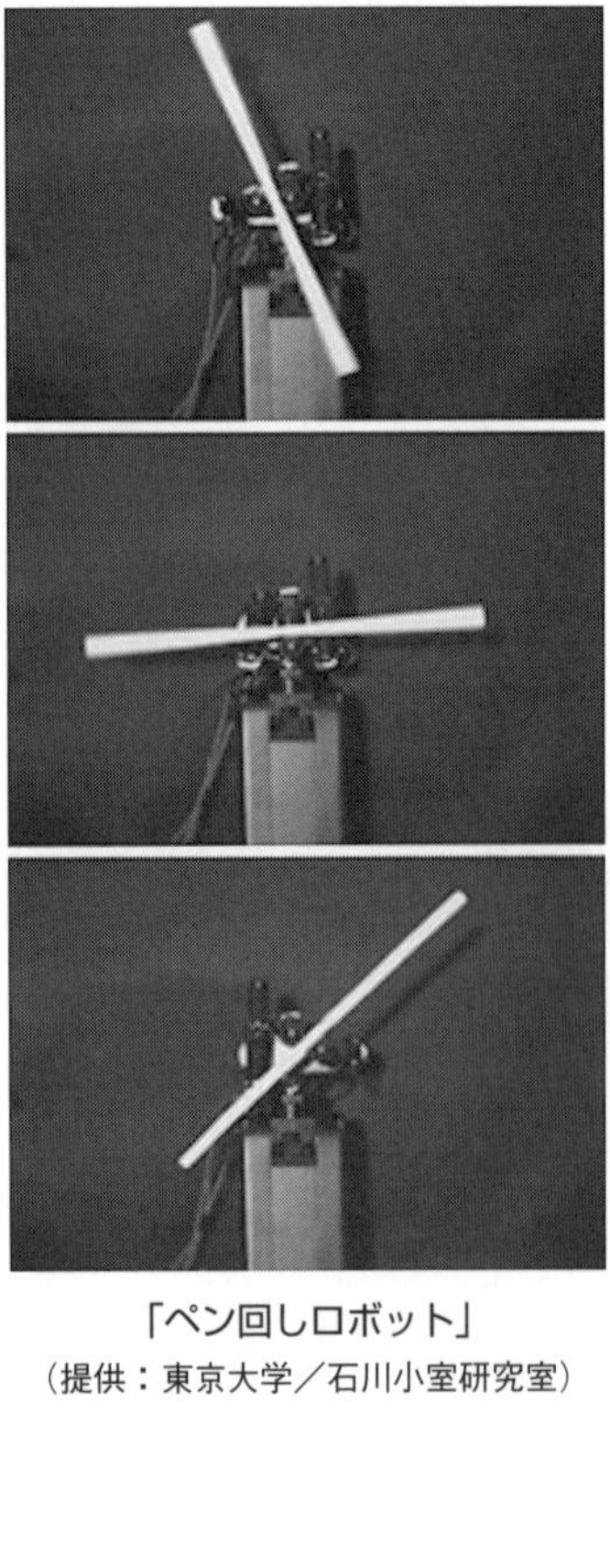
「ペン回しロボット」
（提供：東京大学／石川小室研究室）

介護は、とてもむずかしい仕事です。家庭や病院などの介護の現場《げんば》で、実際《じっさい》に役立つロボットを今、すぐにつくることは、とてもむりです。そこで、将来《しょうらい》ロボットが介護の現場で活躍《かつやく》できるように、まず、人をだきあげる研究用のロボットをつくってみることにしたのです。

なぜ、介護用ロボットなのか。これからの社会では介護が大きな課題だ、と話しました。わたしたちの技術《ぎじゅつ》を集めて新しいロボットをつくるのなら、やはり社会の多くの人たちが求めているようなロボットをつくろう、ということで意見がまとまったのです。

わたし自身も、そうした研究に取りくみたいと思いました。それはやはり、中国《ちゅうごく》でねたきりになっている母のことが頭にあったからです。

目標はわたしたちと同じサイズ

人をだきあげるロボットをつくる研究は、わたしがリーダーとなり、十数名の若《わか》い研究者たちと「RI－MAN《リー・マン》チーム」を結成して、進めることになりました。

めざすは、約六〇キロの人間をベッドからだきあげることです。

「RI-MANチーム」のメンバー。いちばん右が著者《ちょしゃ》

介護用《かいごよう》ロボットが病院や家庭で活躍《かつやく》するには、わたしたちと同じくらいのサイズや重さでないと、じゃまになってしまいます。だから第一の問題は、人間と同じくらいの大きさや重さのロボットで、六〇キロの人間をだきあげる力を出せるかどうか、ということでした。

じつは、とてもむずかしい目標なのです。「そんなことできるわけがない。それに必要なパワーを出すためには、きっと、とても大きなロボットになってしまうだろう」と考えていた研究者も、開始当時にはいたことでしょう。

わたしたちはまず、だきあげるロボットに使えそうな、いろいろなタイプのロボットのうでを買ってきて、実際《じっさい》に調べてみることにしました。

その中で、ナンバーワンの力持ちが、三菱《みつびし》重工業の「PA10《ピーエイテン》」でした。PA10は三〇キロの重さのうでで、一〇キロの物を持ちあげることができます。「なんだ。いちばんといっても、自分の重さの、わずか三分の一の物しか持ちあげられないのか」と思うかもしれません。それでも、ロボットとしては、すごいことなのです。

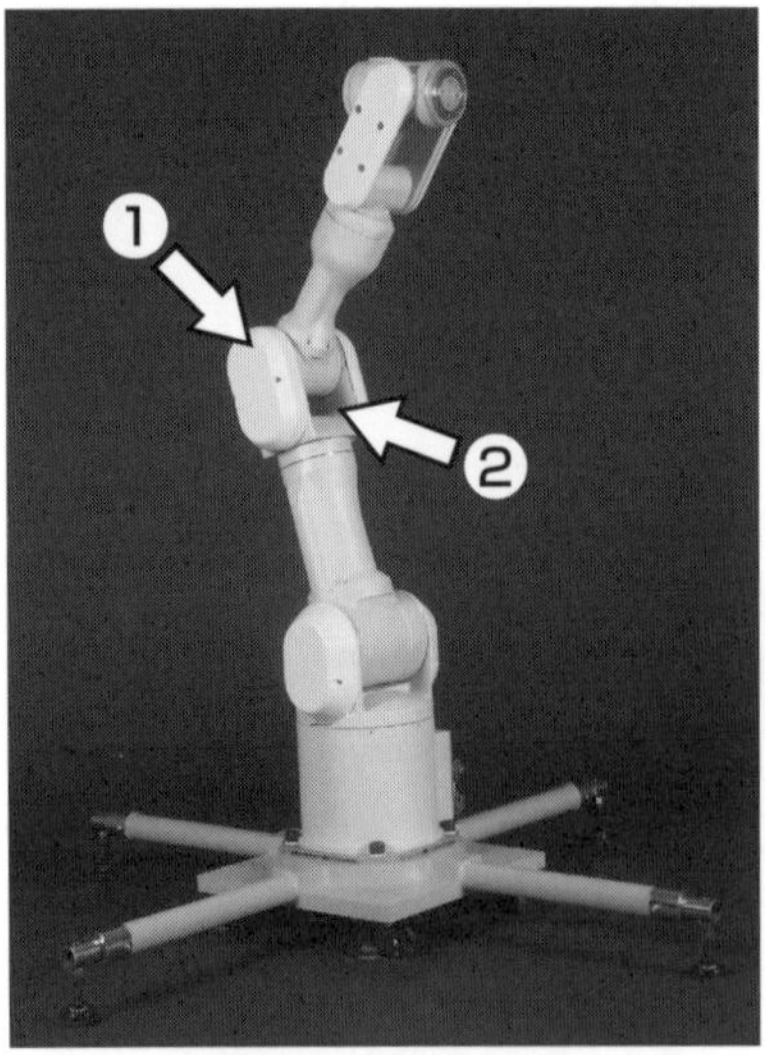

ロボットのうで「PA10」
（提供：三菱重工業）

ほかの部品も買ってきて、わたしたちは試しに、ロボットを組みたててみることにしました。ロボットにいろいろな作業をさせるためには、コンピューターを使って命令を出す必要があります。そのためのシステムをわたしたち自身でつくり、実験を始めたのです。

研究センターでは一年に一度、みなさんに自由に来ていただき、研究内容を知ってもらおうと、一般《いっぱん》公開という行事をおこなっています。ある年の一般公開で、下の写真のロボットが活躍しました。

まずロボットが、子どもたちに向かって、音声でクイズを出します。正しく答えられると、子どもたちは、カラーボールの中に入った景品がもらえます。欲《ほ》しいボールの色をいうと、ロボットがその色のボールをつかんでわたしてくれる、というものです。

このような作業をするには、子どもたちの声を聞きとること、ボールの位置や色を見わけること、ボールをつかむためにうでや指を動かすことなど、いろいろな作業を協調させながら進める必要があります。子どもたちが答える前に、景品が入ったボ

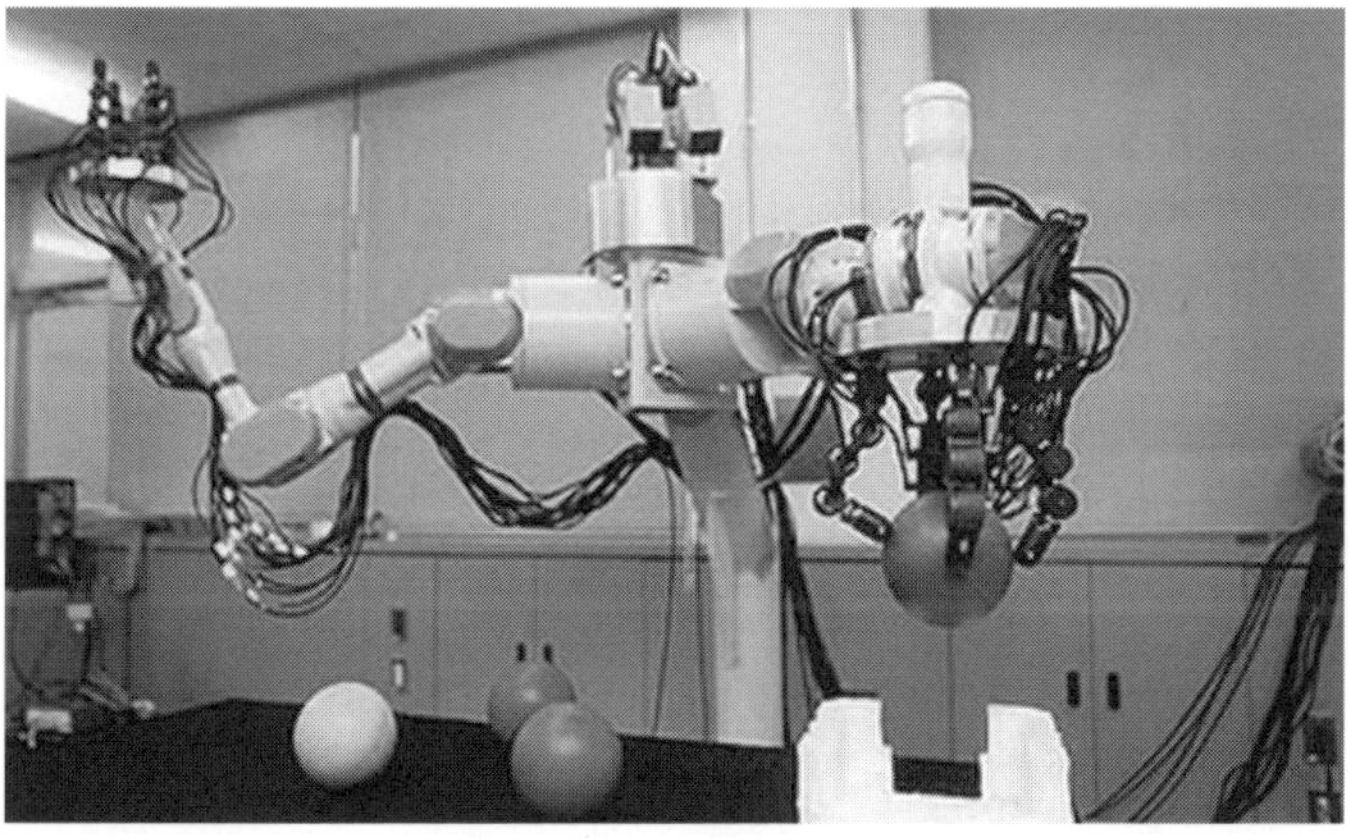

RI-MAN《リー・マン》の試作機1号

ールをわたしてしまったら、クイズになりませんからね。

それだけではありません。ロボットが頭を子どもたちに向けたり、ボールに向けたりと、自然な感じでやり取りができるようにもしました。

わたしたちは、いろいろな作業を協調させるためのコンピューターシステムを開発し、このロボットで実験を重ねたのです。そのシステムは、ＲＩ－ＭＡＮ《リーマン》に受けつがれています。ですからこのロボットは、ＲＩ－ＭＡＮの試作機一号、といってもよいのです。

やっぱり、むりかも……

ＰＡ10《ピーエイテン》はなぜ、大きなパワーが出せるのでしょう。

それは、強い力を出すとくべつなモーターが、ひじの関節についているからです。36ページの写真の矢印①のところです。

しかし関節自体が大きすぎて、人間をだきあげるときに、じゃまになってしまいます。関節には大きなすき間もあるので、だきあげられた人の体の一部をはさんでしまうおそれもあります。矢印②のところです。

どうやらＰＡ10のしくみは、人間をだきあげるロボットのうでには向いていないようです。

次に注目したのは、モーターをロボットの胴体《どうたい》に置き、それと関節をワイヤでつなぐ、というしくみです。大きくて、強力なモーターが関節にはありません。だから、関節自体を小さくすることができます。大きなすき間もできません。

わたしたちはこのしくみをよく学び、参考にしてロボットのうでを試作してみました。ワイヤと帯状《おびじょう》のベルトを使って、関節を動かします。

次のページの写真で、矢印①の先には銀色の細いワイヤが、矢印②の先には太いベルトが見えますね。

「よし！　これでうまくいく」と思ったのです。しかし……。

試作機でいろいろな実験をしているときによく、ワイヤが切れてしまいました。

また、ワイヤの張《は》り具合もむずかしい、ということがわかりました。ピンと強く張りすぎると、関節の動きがぎこちなくなってしまいます。ゆるめた状態《じょうたい》にしておくと、モーターで引っぱっても、関節がすぐに動きません。

帯状のベルトにも、問題がありました。ワイヤのように切れてしまうことはありませんが、すぐにすりへってしまうのです。そのたびに、交換《こうかん》しなければなりません。また、ベルトの張り具合も、ワイヤと同じようにむずかしいのです。

このしくみも、どうやら向いていないようです。

「やはり、今の技術《ぎじゅつ》では、わたしたちと同じくらいの大きさや重さのロボットが、六〇キロの人間をだ

ワイヤとベルトを使って試作した
ロボットのうでと、関節部分の拡大《かくだい》

きあげる、というのはむりなのか。あきらめるしかないか」と、わたしたちは思いました。

そんなときです。生物のしくみのすばらしさに気づくのは。

食たくにのぼる骨《ほね》つきの鳥のもも肉を見ると、関節のしくみのすばらしさがよくわかります。わたしは食べる前に、関節を曲げたり、のばしたりして、一〇分間ほども観察することがよくあります。

ほんとうに、すごいしくみなのです。筋肉《きんにく》がすぐに切れてしまう、なんてことはありません。筋肉がたるんだためにうでがすぐに動かないとか、筋肉がぴんと張《は》ったままで、関節の動きがぎこちない、ということもありません。

また、関節には大きなすき間もできません。そのうえ、小さなサイズで、とても大きな力を出すことができます。

ロボットのうでをつくってみて初めて、このようなしくみのすばらしさに気づくのですね。わたしたちロボット研究者は、関節一つでさえ、生物にはまだまだかないません。

RI《リー》-MAN《マン》になにをさせる？

関節の問題は、なかなか解決《かいけつ》できません。それ以外にも、うまくいかず、泣きたいくらいの苦労が、たくさんありました。

そんなときに、同じことでなやみつづけても、いいアイデアがうかぶものではありません。そこで、別のテーマの検討《けんとう》を進めることにしました。

ロボットに具体的になにをさせるのか、どれほどの機能《きのう》をもたせるのか、ロボット全体の形はどうするのか、ということです。

わたしたちは最初、RI－MAN《リー・マン》に車いすの機能をもたせようと考えました。胴体《どうたい》の下の部分を、二つ折りにするというものです。折った部分を開くと身長がのびて、ベッドにいる人をだきあげます。そして二つ折り部分を閉《と》じ、車いすの部分に座《すわ》らせて移動《いどう》するのです。

研究センターの場所は愛知《あいち》県名古屋《なごや》市なので、二〇〇五年に近くで開かれた万国博覧会《ばんこくはくらんかい》「愛・地球博《ちきゅうはく》」に、RI－MANを出展《しゅってん》したいと思いました。そこではRI－MANに、左のページの図のようなことを実演《じつえん》させたいと考えたのです。

操作《そうさ》する人が音声あるいはリモコンで、RI－MANにベッドまで行くように指示《しじ》します（①）。するとRI－MANは、途中《とちゅう》にあるいすや机《つくえ》などをうまく通りぬけて、ベッドの横まで移動します。そしてベッドに横たわる人形をだきあげて（②）、車いすの部分に座らせます（③）。

車いす型RI-MAN

RI-MANで実演したいと考えた作業

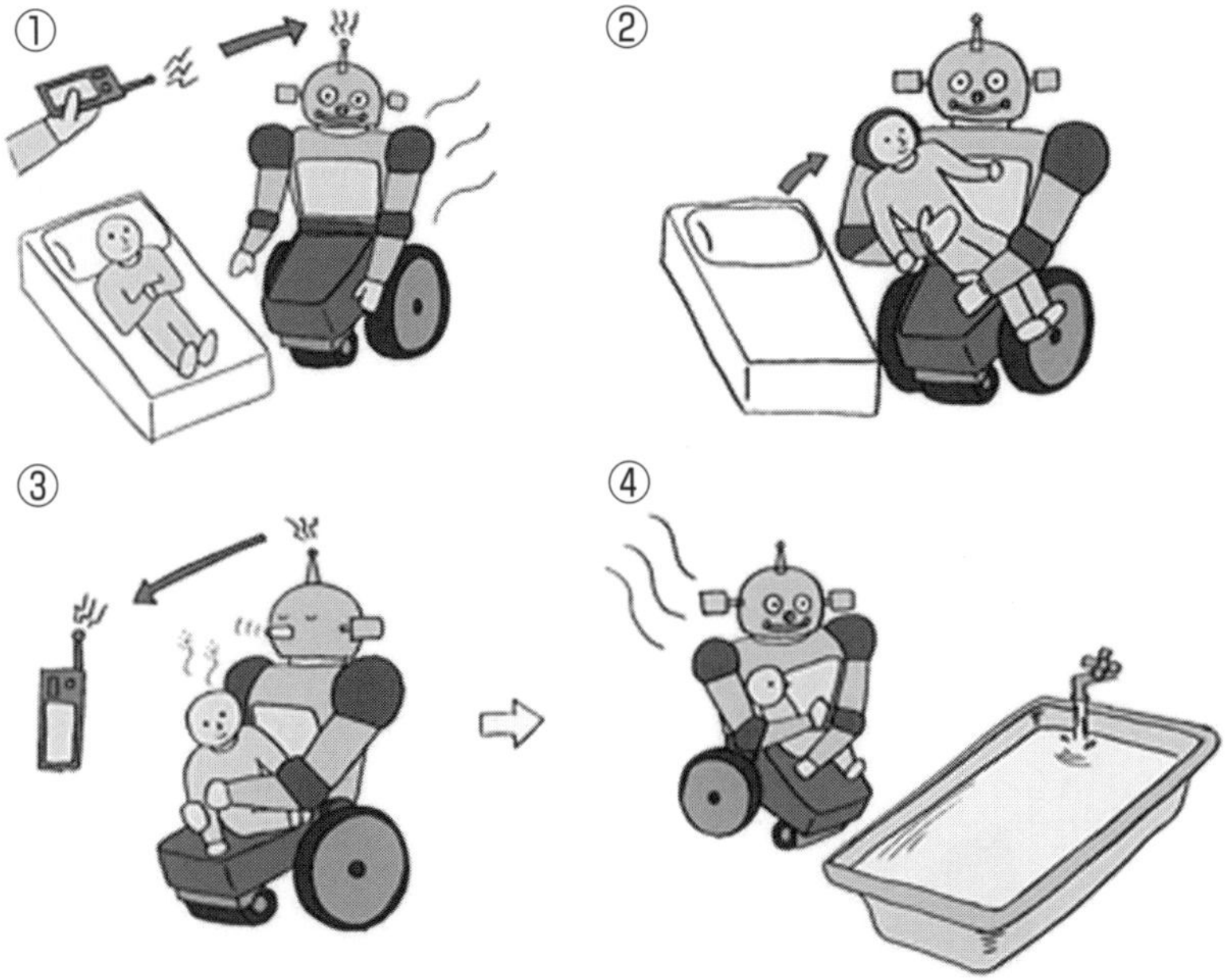

その人形にはあらかじめ、尿《にょう》のにおいをつけておきます。RI－MANはそのにおいをかぎとり、操作する人に報告《ほうこく》します（③）。操作する人が、おふろに連れていくように指示すると、RI－MANは人形を座らせたまま、おふろの横まで移動します（④）。

残念ながら、RI－MANの開発が「愛・地球博」に間にあわなかったので、実現《じつげん》できませんでした。

また、車いす型RI－MANは、重心をバランスよくとることがむずかしく、たおれやすいので採用《さいよう》しませんでした。とても危《あぶ》ないですからね。

その次に考えたのは、次のページの図のような形です。これは最初のデザインで、今のRI－《リー・》

MAN《マン》とはだいぶちがっていますね。

　みなさんは、この形をどう思いますか？　RI－MAN《リー・マン》チームには男性《だんせい》研究者しかいなかったので、研究所の、秘書《ひしょ》の女性《じょせい》のみなさんに集まってもらい、意見を聞きました。「頭の形が、神社の神主《かんぬし》さんがかぶる〝えぼし〟みたいだ」という意見が出ました。そこで、頭の形を変えることにしました。

　色についても、意見を聞きました。最後は投票で、今のRI－MANで使っているうすい緑色を選びました。わたしは、とても気に入っています。

　そうして、今の形に近いものとなったのです。

　RI－MANになにをさせるのかについても、じょじょに意見がまとまってきました。そしてRI－MANチームの大西正輝《おおにしまさき》さんが、RI－MANの機能《きのう》を紹介《しょうかい》するビデオを作成しました。チームのみんなに、

RI-MANの最初のデザイン案

ロボットが動くときのイメージをもってもらうためです。

題して、「がんばれ!! RI－MAN」。

最後には、RI－MANがトイレをきれいにする、という落ちまでついています。

紙ねんどでつくったRI－MANをひとこまずつ動かして撮影《さつえい》した、労作です。大西さんは、夜中に奥《おく》さんを研究所へよんで、撮影を手伝ってもらったそうです。

できた！ 力持ちで安全なうで

話がさきに進みすぎましたね。大西さんがビデオでえがいたようなRI－MANを実現《じつげん》するには、解《かい》決《けつ》しなければならない問題が山のようです。

ビデオの中でRI－MANは、「ぼくは力持ちだ」

「ぼくは力持ちだ」

「RI－MAN、その人を連れてきて」

（命令を出す人のほうを見て、声を聞いている）


「あの人ですね。わかりました」

（連れてくる人を指さしている）

「よいしょ」
（人をだきかかえる）

「重いなぁ」

（だきあげて、移動《いどう》する）

「トイレ、トイレ」。ジャー
（ここで、水を流す音がする）

「がんばれ!! RI－MAN」のビデオ

といっています。いったいどうすれば、力持ちのうでをつくれるのか。あのむずかしい問題も、なかなか解決《かいけつ》できません。

最初は、ひじの関節自体にモーターをつけたタイプ、次に胴体《どうたい》に置いたモーターと関節をワイヤやベルトでつないだしくみを検討《けんとう》したことは話しました。いずれも問題があって、人間をだきあげるロボットのうでには向いていません。

たくさんの研究を重ね、わたしたちはついに、次のようなしくみを考えだしました。

うでの中に二つのモーターを置き、そのモーターをギア（歯車）に直接《ちょくせつ》つないで関節を動かす、というものです。口絵のカラー写真では、ギアがよりよく見えるでしょう。

まず、うでにモーターを置くことで、関節はそれほど大きくならずにすみます。そして、二つのモーターを使うことで、大きな力を生みだせます。また特殊《とくしゅ》なギアを使うことで、うでを曲げることとねじることができるようになります。けっきょく、このしくみを採用《さいよう》することにしました。

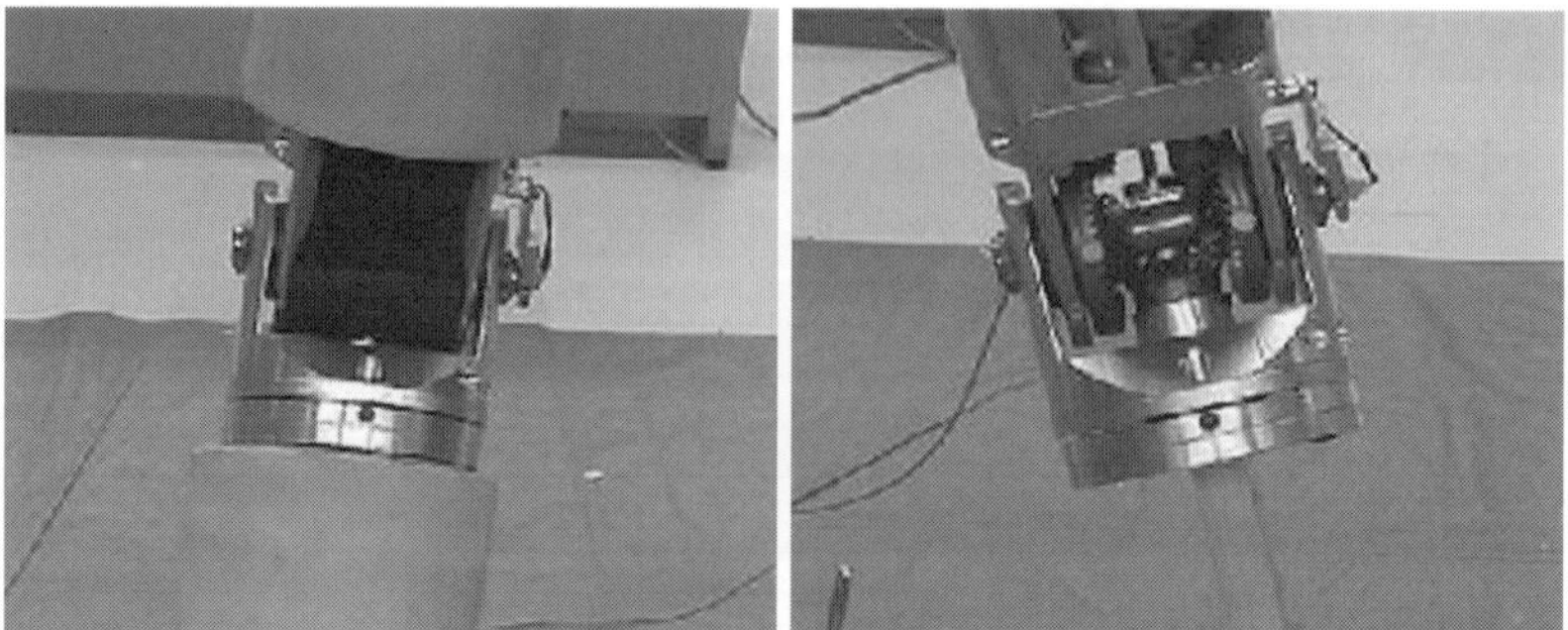

RI－MANのひじの関節

じつは、このしくみの関節には、思わぬ利点が見つかりました。

ＲＩ－ＭＡＮ《リー・マン》は人間と直接ふれあうロボットなので、安全対策《たいさく》をじゅうぶんにほどこさなければなりません。万が一にも、ＲＩ－ＭＡＮが故障《こしょう》したときに備《そな》えて、背中《せなか》と土台に非常《ひじょう》停止ボタンを設《もう》けています。このボタンをおすと、コンピューターは動きつづけますが、モーターの電源《でんげん》は切れて、ＲＩ－ＭＡＮは動かなくなります。

もし、ＲＩ－ＭＡＮが人間をだきかかえている状態《じょうたい》で、モーターの電源が切れて力をうしない、うでがたれさがってしまったら……。だかれた人はゆかに落ちてしまい、とても危険《きけん》です。

だから、安全のためには、モーターの電源が切れても、ＲＩ－ＭＡＮが人間をだきかかえたままの姿《し》勢《せい》で止まる必要があります。

ＲＩ－ＭＡＮが一八キロの人形をだいた状態で、非常停止ボタンをおす実験をしてみました。いったいどうなるのか、実験するまでまったくわかりませんでした。みなさんは、どうなったと思いますか。

ＲＩ－ＭＡＮは、人形をだきかかえたままの姿勢で、みごとに止まったのです！

モーターの電源が切れたのに、だきかかえた姿勢を、なぜ保《たも》つことができたのでしょう。身近な例で、できるだけわかりやすく説明してみましょう。

みなさんが乗っている自転車は、ギアを変えることができますか？

そのような自転車では、坂を上るときには、ギアを軽くして、少ない力で車輪が回るようにしますね。ぎゃくに坂を下るときには、ギアを重くしたりするでしょう。足の力に、坂を下る力もくわわるので、重いペダルをこぐことができるのです。

RI－MAN《リー・マン》のうでのモーターには、重いギアをつけていました。だから、かなり大きな力をくわえないと、関節は動きません。ギアが重いので、一八キロの人形では力が足りなくて、うでがたれさがらなかった、というわけです。

わたしたちはもちろん、RI－MANのひじの関節のギアが重いことはわかっていました。でも、一八キロの人形でうでがたれさがってしまうかどうかは、実験するまでわかりませんでした。

これは、たまたまうまくいった例です。ロボットづくりで泣きたいような苦労を重ねていると、偶然《ぐうぜん》によいこともあるのですね。

ギアの重さを工夫すれば、六〇キロの人形をだいたときにも、そのままの姿勢《しせい》を保《たも》つことができるようになるでしょう。

操《あやつ》り人形のこつ、たこあげのこつ

これで、大きな力を出せるうでをつくる問題は解決《かいけつ》しました。しかし、じょうずにだきあげることができるかどうかは、別の問題です。

痛《いた》がるようにかかえてしまったり、だきあげられた人を落としてしまったりしては困《こま》ります。安全に、やさしくだきあげられるよう、体全体をびみょうにコントロールしなければなりません。

のちに完成したＲＩ－ＭＡＮは、身長一五八センチ、やや重くなりましたが体重は約一〇〇キロです。かたやひじ、こしや首の関節に合計一九個《こ》のモーターがついています。関節をモーターで動かし、姿勢やうでの角度を変えます。

それらのモーターの動きを、どのようにしてバランスよくコントロールし、人間をだきあげる動作をさせるのか、それが大問題でした。

そのヒントをつかむために、わたしは京都へ行き、操《あやつ》り人形劇団《げきだん》の団長《だんちょう》さんに話を聞いたこともあります。

操り人形は、何本もの糸で手足や関節を動かします。その糸の先には、何本かの糸をたばねた棒《ぼう》がついています。一本一本の糸をそれぞれ、別べつに操るのはとてもたいへんです。だから、何本かの糸を同時にコントロールするための道具として、その棒があるのです。

団長さんから、おもしろい話を聞きました。少し脱線《だっせん》するかもしれませんが、紹介《しょうかい》しましょう。

操り人形は国によって、かなりちがいがあるそうです。大きく分けるとドイツとインド、中国《ちゅうごく》、日本の四つに分類できます。

インドの操《あやつ》り人形には糸がたくさんあり、指を使って一本ずつ、細かく操らなければなりません。とても操作《そうさ》がむずかしいものです。

反対にドイツの操り人形は、先ほど話したように、糸をたばねる道具が工夫されています。その道具を操作すると、いくつかの手足や関節がいっしょに動くので、比較的簡単《ひかくてきかんたん》に操れます。

日本と中国《ちゅうごく》は、インドとドイツの中間くらいです。

ここで、ドイツの操り人形がいちばん進歩している、と考えるのは正しくありません。

これは、文化のちがいなのです。ドイツの人形は、操るこつを道具に組みこんでいるのですね。だから人間のほうは、こつをそれほど身につけなくても操ることができます。ヨーロッパの文化は、こつを道具の中にできるだけ組みこもうという文化です。

インド（左）とドイツ（右）の操り人形

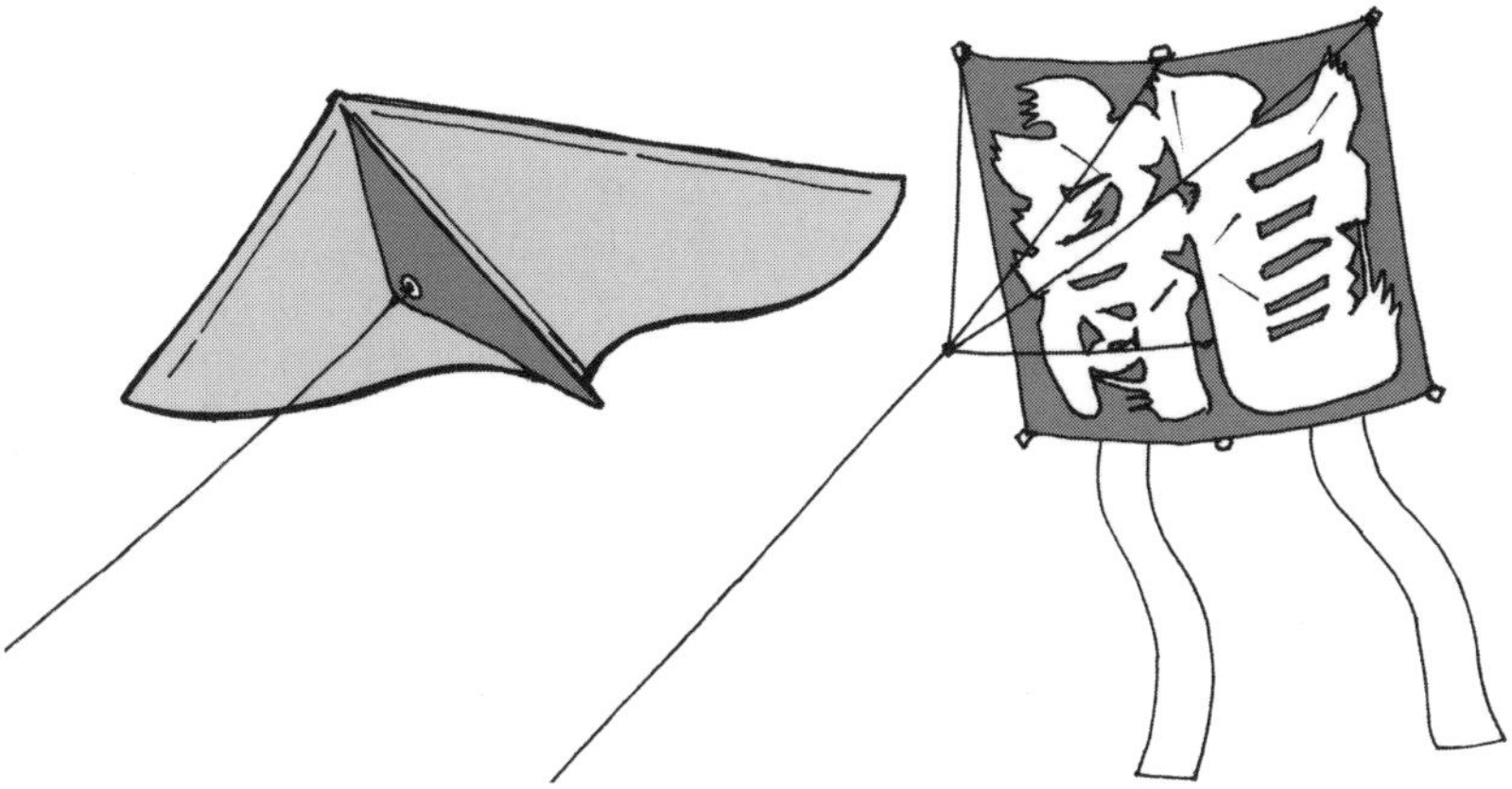

アメリカのたこ（左）と日本のたこ（右）

いっぽう、インドの人形を操るには、人間が苦労して、こつを身につけなければなりません。操作には、十数年もの訓練が必要です。これは、生きていくための芸なのです。みんなに見てもらうことでお金をもらい、生活するためのものです。だから、だれにでもできるようでは困《こま》るわけですね。

もう一つ、同じような例があります。空へあげるたこです。日本だけでなく、いろいろな国に、たこはあります。その中で、もっともあげやすいのが、アメリカのたこだそうです。日本のたこはあげるのに、とても苦労します。

アメリカのたこは、風をうまくとらえてあがるように、形、糸の長さや張《は》りかたが細かく計算されています。いっぽう、日本のたこは、それほど細かくは計算されていません。

アメリカのたこをあげられる人が、日本のたこをあげられるとは限《かぎ》りません。しかし反対に、日本のたこをあげられる人は、アメリカのたこを簡単にあげることができます。

アメリカのたこには、あげるためのこつが組みこまれているのですね。日本のたこをあげるには、人間のほうが苦労して、こつをつかむ必要があります。むずかしいからこそ、おもしろいと思うのでしょう。これも、文化のちがいです。

こつを数字にして調べる

RI－MAN《リー・マン》の話にもどりましょう。

人間をじょうずにだきあげさせるには、どうやら、こつを身につけさせる必要がありそうです。単にだきあげるのなら、おしりや背中《せなか》だけを支《ささ》えればよいのです。でもそれでは、だきあげられている人が痛《いた》がったり、すぐにつかれたりしてしまいます。失敗して落としてしまえば、大けがにつながります。

では、どうすれば安全に、やさしくだきあげることができるのでしょうか。そのこつを知るために、まずは実際《じっさい》に、わたしたち人間がどのようにして、ほかの人をだきあげるのかを調べてみることにしました。

大西さんたちが、特殊《とくしゅ》な装置《そうち》「没入型《ぼつにゅうがた》シミュレーション」の中で、人をだきあげる動作をくりかえしました。没入型シミュレーションを使うと、コンピューターがえがきだした画像《がぞう》の世界に、人間が実際に入りこんだような感じになって、さまざまな動作を調べることができます。

うまくだきあげたとき、うまくいかなかったときなど、さまざまな場合を試してみて、そのときの姿勢《しせい》やうでの角度、力のかけ具合などを調べていったのです。

たとえば、左うでに強い力を感じたときには左うでを上げ、右うでを下げなければいけない、という具合です。このようなことが、わたしたちがほかの人をだきあげるときのこつですね。そして、それを具体的な、「うでの角度は?」、「力の強さは?」といった、数値《すうち》であらわすデータとして記録しました。

このときに重要なのは、うでにどのくらいの力を感じたかという「感覚のデータ」と、そのときうでがどのような角度で、どのくらいの力を出したかという「運動のデータ」の二つを、セットにして調べることです。そのデータをたくさん、RI－MANに組みこみました。

「没入型シミュレーション」で、だきあげるこつを調べる

実際《じっさい》にＲＩ－ＭＡＮ《リー・マン》は、うでにこのくらいの力を感じたときにはこうすればいいというふうに、人間の動作をまねて、だきあげるのです。うでで力のかかり具合を感じ、そのたびごとに、どうやったらだいた人がずれおちないか……などと、コンピューターで計算しているようでは間にあいません。計算が終わる前に、人がゆかに落ちてしまいます。

こつを身につけるとは……

なにかをするときのこつをつかむまで、わたしたちは何度も失敗をくりかえしますね。たとえば、自転車の乗りかた。覚えるまでは、たいへんです。体が左にかたむいたと感じたあとに、「どうしようか」と頭で考えている間に転んでしまいます。

でもふしぎなことに、あるときとつぜん、乗れるようになります。失敗していたときのことがうそのように、楽に乗れるようになりますね。

それは、こつが身についたからです。自転車に乗るとき、どのように体を動かせばいいかという、さまざまな運動のしかたが、脳《のう》に組みこまれたのです。それに従《したが》って、脳は体に動きかたを命令します。たとえば、小石に乗りあげて、たおれそうになったとしましょう。そういうときはこうすればいい、という答えをすでに脳の中にもっているので、すぐに命令を筋肉《きんにく》に伝えて、転ばずにすむのだと考えられます。

もっと簡単《かんたん》な動作にも、こつが必要なのですよ。たとえば、せまい道を二人がすりぬける場合です。みなさんでも、たがいにさっと身を横にして、すりぬけていきますね。これをロボットにやらせるには、たいへんです。向こうからやってくる人のスピードから、すれちがうまでの時間を計算し……、とやっている間に、ぶつかってしまいます。

わたしたちの場合には、計算なんかしていません。今までの経験《けいけん》から、これくらいで体を横にずらせばすれちがえるだろうと、かんを働かせて予測《よそく》し、スムーズにすりぬけているのです。これも、こつです。

もっともっと簡単な動作でも、予測がとても大事だと考えられています。

たとえば、コップを持ちあげる場合に、もし「コップがどのくらいのかたさや重さなのかを、まずは手やうでで感じ、その情報《じょうほう》が脳まで伝わり、それならこのくらいの強さでにぎって、持ちあげなさいとうでに命令を出す」という具合だったら、コップの水を飲むのもひと苦労ですね。

わたしたちは、ガラスのコップだったら、だいたいこのくらいの力でにぎって、持ちあげればよい、というイメージをもっています。だから、苦労することなく、スムーズにコップの水が飲めるのです。

想像《そうぞう》してみてください。もし、すごくこわれやすい、あるいはとても重いコップだったらどうでしょう。きっと、割《わ》ってしまったり、持ちあげられないでしょう。これは、コップのかたさや重さを確《たし》かめてから、コップを持ちあげる命令を出していない、という証拠《しょうこ》です。つまり、予測《よそく》して、命令を出しているのです。

わたしたちは赤ちゃんのときから、いろいろなものをさわってみたり、さまざまな動作を失敗しながら何度もくりかえすことで、ものについてのイメージや動作のこつを身につけます。そのようなことを積みかさねて初めて、いろいろなことがスムーズにできるようになるのです。

ロボット自身でこつをつかむ

子どものころにいろいろな遊びをしながら、走ったり、転んだり、実際《じっさい》に体を動かして初めて、育っていく能力《のうりょく》がたくさんあります。ロボットにこつを身につけさせる場合でも、もしかしたら、人間がこつを組みこむだけではうまくいかないのかもしれません。

さきほども話したとおり、今のＲＩ《リー》－ＭＡＮ《マン》は、だきあげるこつを自分でつかんでいるわけではありません。人間が実際に、失敗しながらつかんだこつを組みこんでいましたね。

しかしほんとうは、ロボット自身でいろいろなものについてのイメージや、動作のこつを身につけられるようにしたい、と考えています。

わたしたちも、そのような研究を進めてきました。うでの上でつつのような物体を転がし、落とさなかったときの動作をこつとして、ロボット自身に覚えさせる研究です。

まず、物がうでにふれたときに、重さを感じることができる「触覚《しょっかく》センサー」を取りつけます。そして、実際に物体を転がして、触覚センサーで感じた感覚データと、うでを動かした角度や力の入れ具合などの運動データを記録できるようにします。

何度もやってみて、落とさずに成功したときのデータを記録していきます。するとそのうちに、ロボットはたいていの場合、うまくできるようなります。ただし、触覚センサーをつけないと、うまくいきません。重さを感じるという感覚の情報《じょうほう》がないと、ロボットは自分自身で、うでを転がっている物体のようすをイメージできず、転がすこつがつかめないのです。

このように、感覚と運動の両方のデータが、こつをつかむときには必要だとわかります。

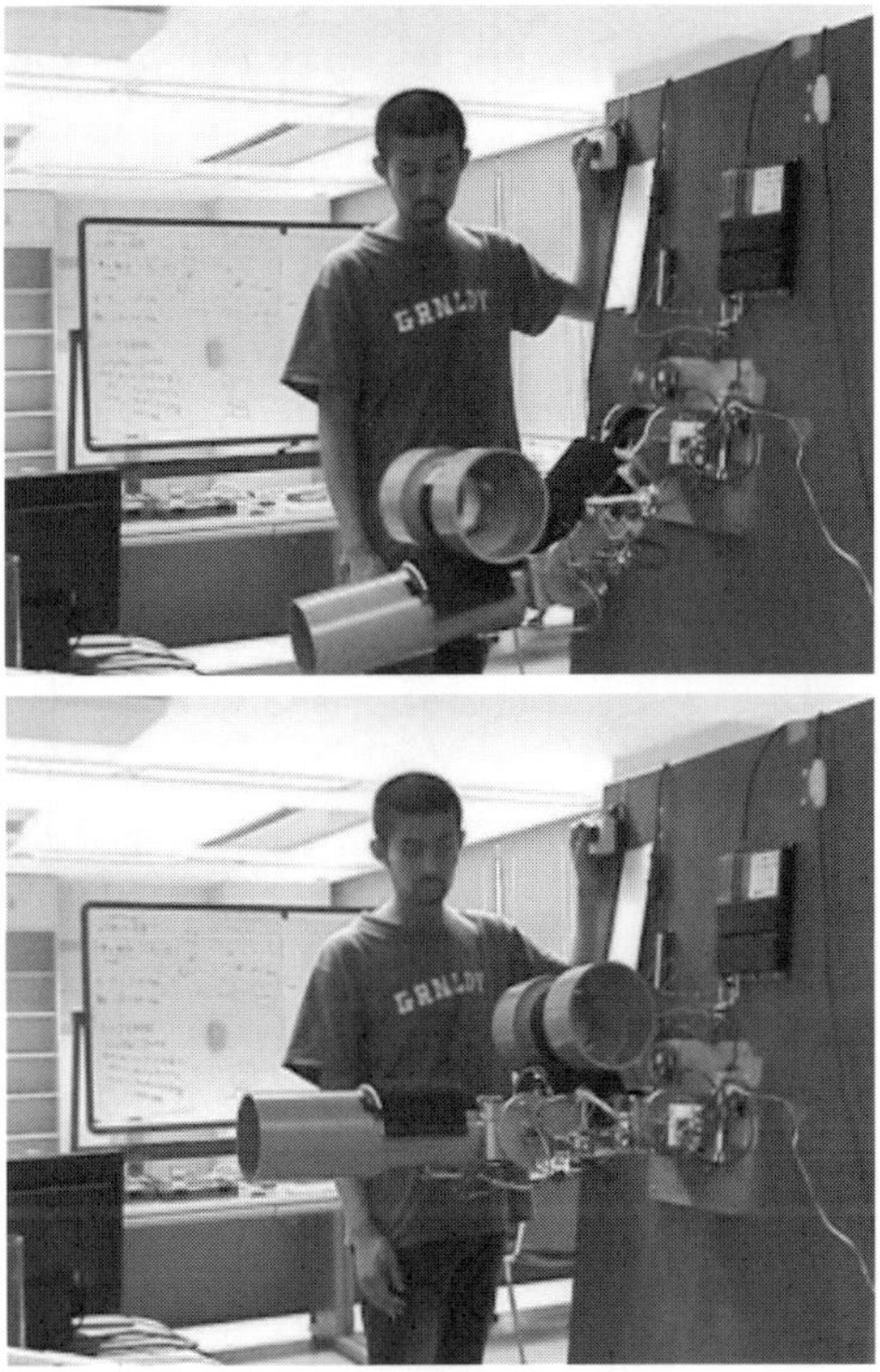

うでの上で物体を転がすこつを
ロボットに覚えさせる実験

ロボットならではの学習方法

RI－MAN《リー・マン》に、わたしたちが人をだきあげるときのこつを、数値《すうち》であらわすデータとして組みこんだといいました。ちょっとずるいなと、みなさんは思いませんでしたか。

わたしたちがこつをつかむには、たくさん練習するしかありません。けれども、RI－MANは苦労せずに、こつをデータで教えてもらったのです。これは人間にはできない、ロボットならではの学習方法です。

たとえば、野球でボールを打つ場合に、コーチがこつを教えてくれることがあるでしょう。うまく打つには、バットをこういう角度でふりなさい、といった具合に。でも、コーチと同じようなふりかたができるようになったからといって、すぐにボールをじょうずに打つことができるようにはなりませんね。

それはボールが近づいてきたときに、バットをふりはじめる〝ちょうどのタイミング〟をはかるための「感覚データ」や、打つ瞬間《しゅんかん》の力を〝ちょうどよい具合〟でかけるための「運動データ」は、コーチのお手本を見ただけでは、わたしたちの脳《のう》に組みこめないからです。

ところがロボットは、うまくボールを打つための具体的な数値データを取りいれて、こつをつかんでしまうことができます。

たとえば、「時速一五〇キロの速球は、投手の手からボールがはなれて〇・〇五秒後に、バットをふりはじめなさい」とコーチにいわれたとします。そんなに細かい数値でこつを教えられても、人間にはとてもむずかしいですね。わたしたちには、〇・〇五秒を正しくはかることなどできません。いっぽうロボットは、コンピューターから命令を出すので、データどおりのちょうど〇・〇五秒後に、バットをふりはじめることができるでしょう。

人間にできてロボットにはできないことを、この本のはじめのほうで強調してきました。でも、このように、ロボットにしかできないこともあるのです。そのような能力《のうりょく》を生かせば、わたしたちの役に立つロボットをつくることが、きっとできるはずです。

第三章　ロボットが教えてくれる「生きもののすばらしさ」

やわらかな表面をしたロボット

さて、RI－MAN《リーマン》には、今までのロボットにはない大きな特徴《とくちょう》があります。

それは、人間にもあるけれど、これまでのロボットにはなかったことです。そして、人間とふれあうロボットには、絶対《ぜったい》に必要なことです。いったい、なんだと思いますか。

みなさんがRI－MANにさわったら、きっとすぐに気づくでしょう。

そう、表面がやわらかいのです！　全身にシリコンという、やわらかな素材《そざい》をはりつけています。

今までのロボットは金属製《きんぞくせい》で、かたい表面をしていました。しかし、人間とふれあうロボットなら、人間のようにやわらかい表面でなくては困《こま》りますね。みなさんも、冷たくてかたいうでで、だ

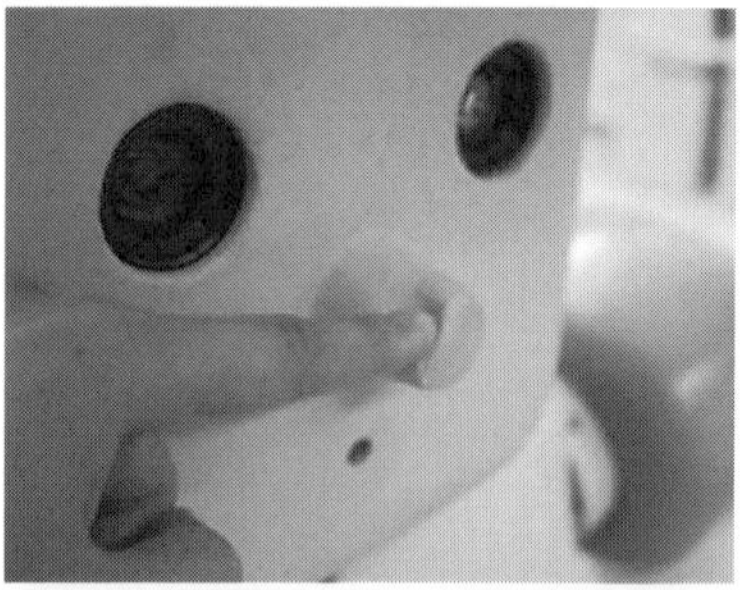

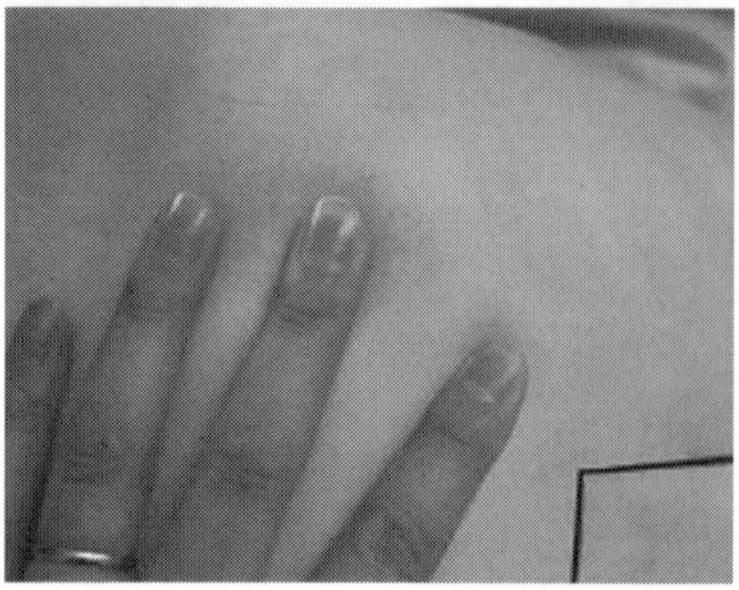

指先でおすとへこむRI－MANの表面

きあげられたくはないでしょう。

安全の面でも、やわらかいことは重要です。うでが金属むきだしだったら、だきあげられる人にうっかりぶつけたときに、大けがを負わせてしまいますからね。

これまでのロボットが、かたい金属の表面のままだったのは、家庭や学校など、わたしたちの身近な場所で働くなど考えていなかった、ということのあらわれです。そもそも、工場の中のロボットのそばに人間は近づいてはいけない、という規則《きそく》があります。安全のためです。

人間をだきあげるという、人とロボットがふれあう動作をめざしたRI－MAN。それが、今までのロボット研究にはない、新しい点なのです。


そして、人とふれあうロボットには、絶対に必要な感覚があります。なにかが表面にふれている力を感じとる感覚です。これを、「触覚《しょっかく》」といいます。

RI－MANにも、絶対に触覚が必要です。もしなければ、人間を強くだきしめすぎて、けがをさせてしまう可能性《かのうせい》があります。そもそも、触覚がなければ、やさしくだきあげることなどできません。うでを曲げる角度や、力の入れかたをびみょうに調節するには、触覚で得た感覚データをもとにする必要があるからです。第二章でふれましたね。

ところがこのあとでお話しする、見たり聞いたりする感覚にくらべて、ロボットの触覚の研究はとてもおくれています。人が近づくことなどなく、決められた動きしかしない工場の中のロボットには、触《しょっ》覚《かく》が必要なかったからです。

生物のすばらしい皮ふ

ところで、わたしたち人間は、どのくらいの感度の触覚をもっているのでしょう。

では、実際《じっさい》にやってみましょう。まず、二本の針《はり》を用意してください。そして二本の間を少しあけたまま、やさしく手のひらに針先《はりさき》を置いてみてください。針をさしてしまわないように、気をつけましょう。

二本の間が長いときには、針は二本だと感じますね。

ではその距離《きょり》を、少しずつ短くしていってください。やがて二本を区別できず、一本の針と感じるようになるでしょう。みなさんはどのくらいの距離で、一本の針と感じましたか?

このような方法で、触覚の感度を調べることができます。じつは、体の中でも場所によって、感度がかなりちがいます。もっともよいのは、指先です。二ミリくらいまで距離を短くしても、二本の針だと感じられます。うでは、一センチから五ミリくらいです。

さて、RI－MAN《リー・マン》の開発では、触覚の感度についても大きな課題がありました。

触覚の感度センサー自体は、RI－MANのうでにまきつけるため、やわらかくないといけません。

そして、その上をおおうように、やわらかなシリコンをはりつけます。だから、感度が悪くなってしまうのです。

いったいどうしたら、やわらかくて、感度がよいものができるのでしょう。

そこで、ＲＩ－ＭＡＮチームの向井利春《むかいとしはる》さんたちは、人間の皮ふがどうなっているかを調べることから始めました。

わたしたちの皮ふの表面は少しかたい材料でおおわれていて、その下にやわらかい部分があります。その中にも所どころ、少しかたい部分があります。この、かたい部分とやわらかい部分の組みあわせが、触覚を感じるところに力を集中して伝えるようなしくみになっています。これは、じつにすばらしいしくみです。

向井さんたちはこれにならい、やわらかい材料とかたい材料を組みあわせて、力が触覚センサーに集中するように設計《せっけい》しました。そして、やわらかくて、感度のよいシートをつくりあげたのです。

このシートが、ＲＩ－ＭＡＮの左右のうでに四枚《まい》、胴体《どうたい》に一

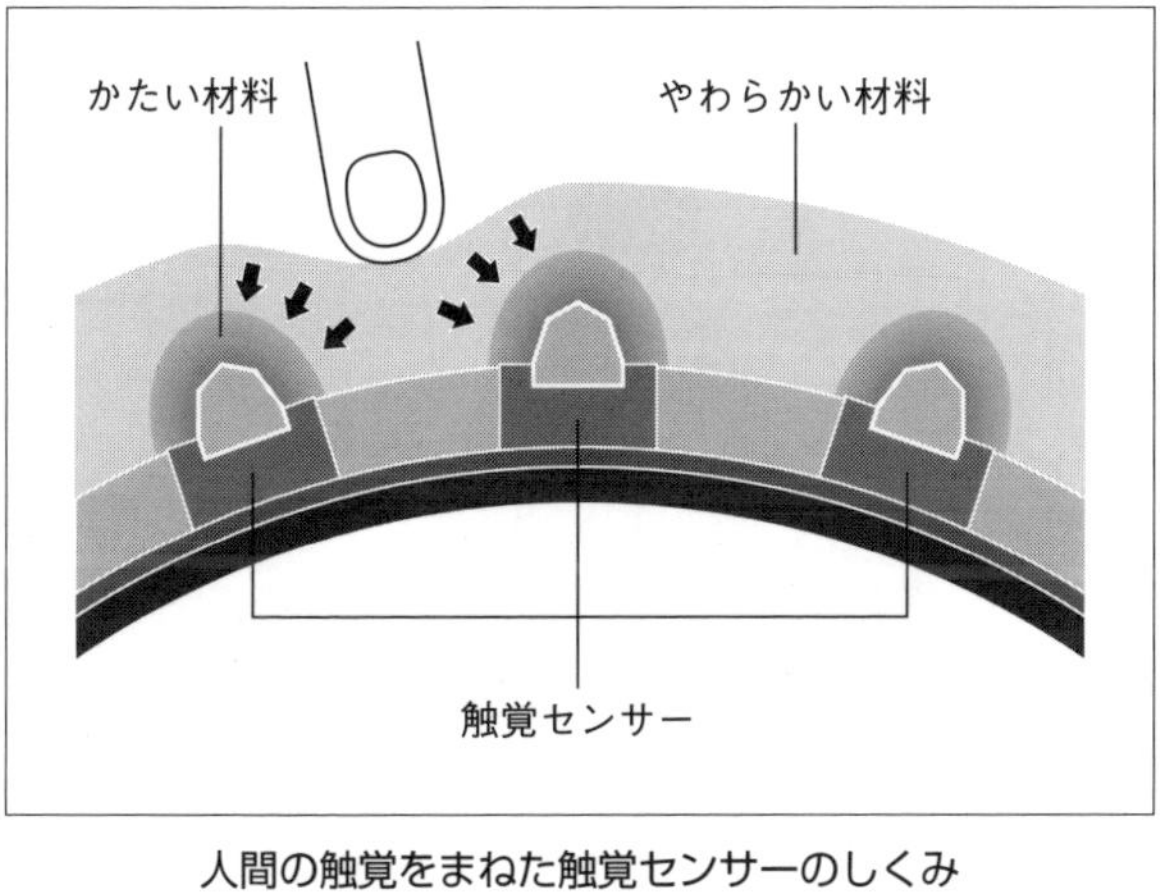

人間の触覚をまねた触覚センサーのしくみ

枚《まい》つけられています。その上にシリコン。いってみれば、触覚《しょっかく》をもつ、RI-MAN《リーマン》の皮ふですね。これで、人間をだきかかえようとしたときに、うでや胴《どう》のどこに、どのくらいの大きさの力がかかっているかを知り、その情報《じょうほう》をもとにうでの角度や力のかけ具合を調節し、人がずれおちないようにして、やさしくだきあげるのです。

ただ、今のRI-MANはまだ、全身を皮ふでおおうことができていません。とくにむずかしいのは、やはり関節の部分です。関節がむきだしのままだと、だいたときに人の皮ふが、そこにはさまってしまうようなことも起こります。だから、なんらかの材料で関節をおおっておかないといけません。

触覚センサーのシートをロボットの
うでにつけての実験

かたい皮ふでは、どうでしょう。関節の動きのじゃまになります。反対に、あまりやわらかい材料だと、関節のすき間にはさまってしまいますね。

どのようにして関節をおおうのか、それに苦労しています。今でも、どうすればよいかという答えは見つかっていません。

そんな苦労をしていると、やはりわたしたちや生物の関節をおおう皮ふは、なんて美しいのだろうと、つくづく感動します。みなさんがひじを曲げても、皮ふが関節にはさまることはありませんね。

わたしたちロボット研究者からみると、人間や生物はすばらしいところだらけなのです。

耳たぶの秘密《ひみつ》

ＲＩ－ＭＡＮには、目や耳、鼻もあります。

たとえば、ＲＩ－ＭＡＮに声をかけると、声を出した人のほうへ顔を向けます。耳で音をとらえて、音が出た位置をつきとめる機能《きのう》があるからです。これもやはり、わたしたちがふだん、なにげなくやっていることですね。

でも、わたしたちがなぜ、音が出た位置がわかるのかを考えたことはありますか。説明していきましょう。

右から出た音か、左から出た音かは、左右の耳に届《とど》く音の大きさや、届いた時間のちがいでわかります。左方向で音がすると、右耳よりも

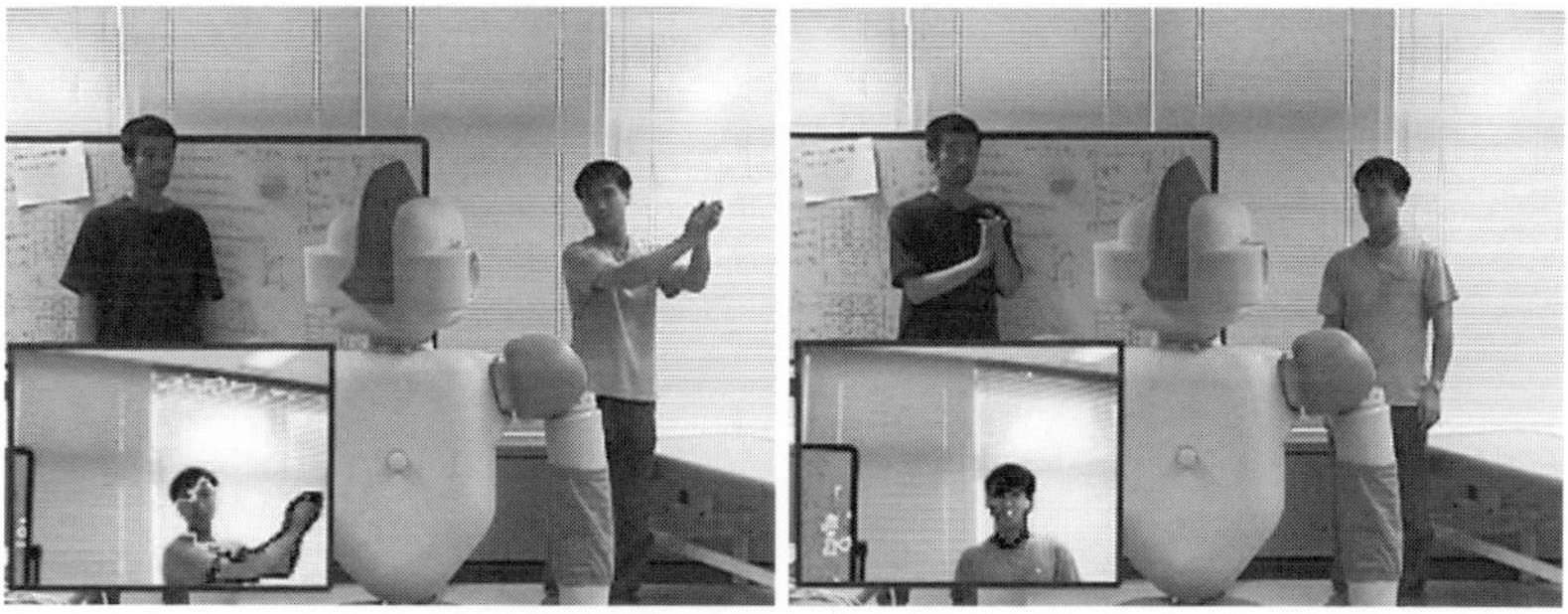
音が出た方向にRI－MANを向けさせる実験

左耳のほうに、大きな音が早く届《とど》きますね。これは、わかりやすいでしょう。

では、前後や上下方向からの音の場合は、どうでしょう。

それを聞きわけるのに必要なのが、耳たぶです。ＲＩ－ＭＡＮ《リー・マン》チームの中島弘道《なかしまひろみち》さんたちは、ＲＩ－ＭＡＮにも耳たぶをつけ、そこにマイクを取りつけました。

ＲＩ－ＭＡＮの耳たぶは、ただのかざりではないのですよ。

耳たぶがあると、それで音がさえぎられたり、はねかえったりします。たとえば、上から来た音は耳たぶの下側で、下からの音は上側ではねかえります。

また、一度耳たぶに当たってはねかえってきた音と、直接《ちょくせつ》マイクへ向かってきた音がまざりあったりします（これを干渉《かんしょう》といいます）。

そのうえ、ＲＩ－ＭＡＮの耳たぶのマイクは、上下の真ん中にはありません。下の写真を見てください。矢印の先がマイクで、上のほうについていますね。それで左ページの図のように、上からの音と下からの音では、マイクに届くまでの距離《きょり》がちがいます。だから、音の特徴《とくちょう》が

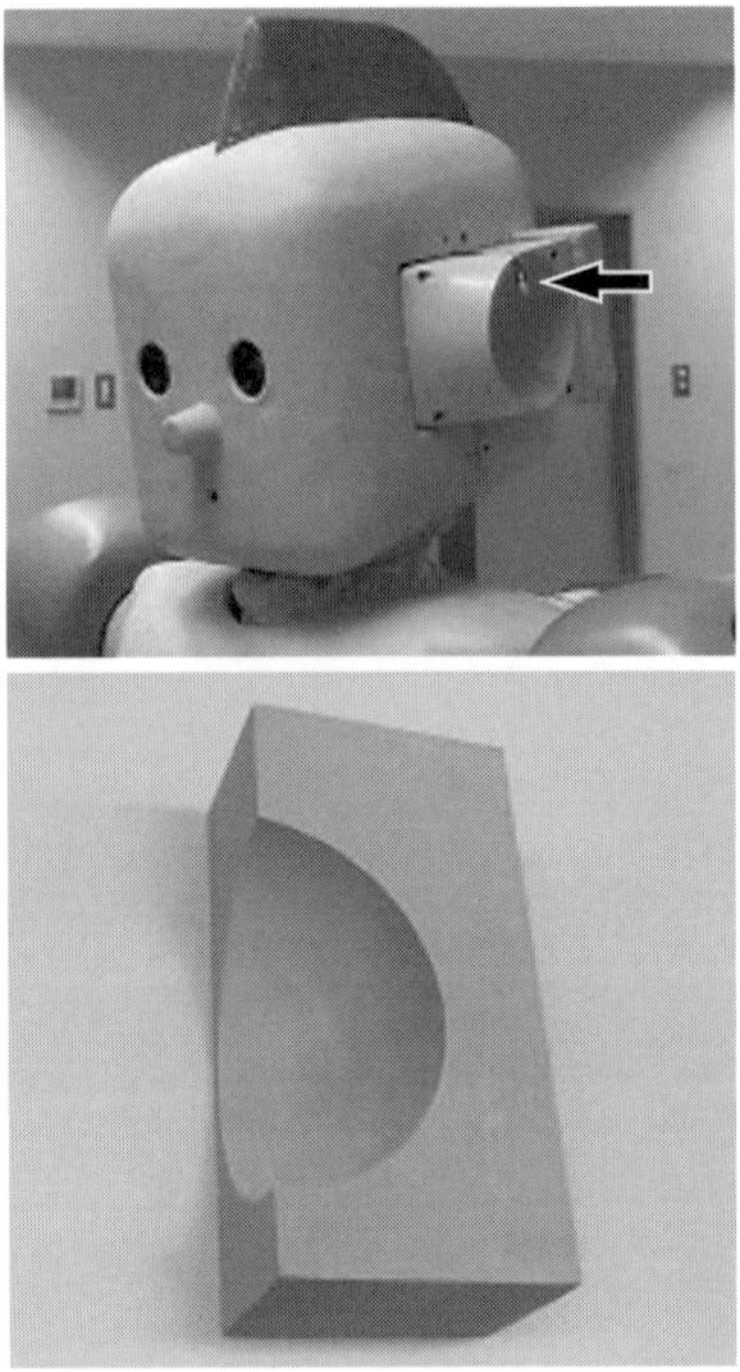

RI-MANの耳たぶ

ちがって聞こえるのです。そのようなことを利用して、上からの音か、下からの音かなどを区別しています。

ある年の研究所の一般《いっぱん》公開で、RI－MANの耳と人間の耳のどちらが、音が発せられた位置を正確《せいかく》に当てられるか、競争してもらったことがあります。右、真ん中、左に三個《こ》、それを上下に計六個のスピーカーを置き、その一つから音を出します。どのスピーカーから音が出たのかを、競いあったのです。

さて、勝負の結果はどうだったと思いますか。

みごと、RI－MANが人間に勝ちました。ただ、ちょっとしたわけがあります。このときに流したのは、RI－MANの耳がもっとも得意としている種類の、特殊《とくしゅ》な音なのでした。

ところが、途中《とちゅう》で、RI－MANの正解率《せいかいりつ》が急に下がってしまう場面もありました。それは、観客がふえてきて、ざわざわとした雑音《ざつおん》が多くなってきたときです。RI－MANの耳はまだ、雑音の中から

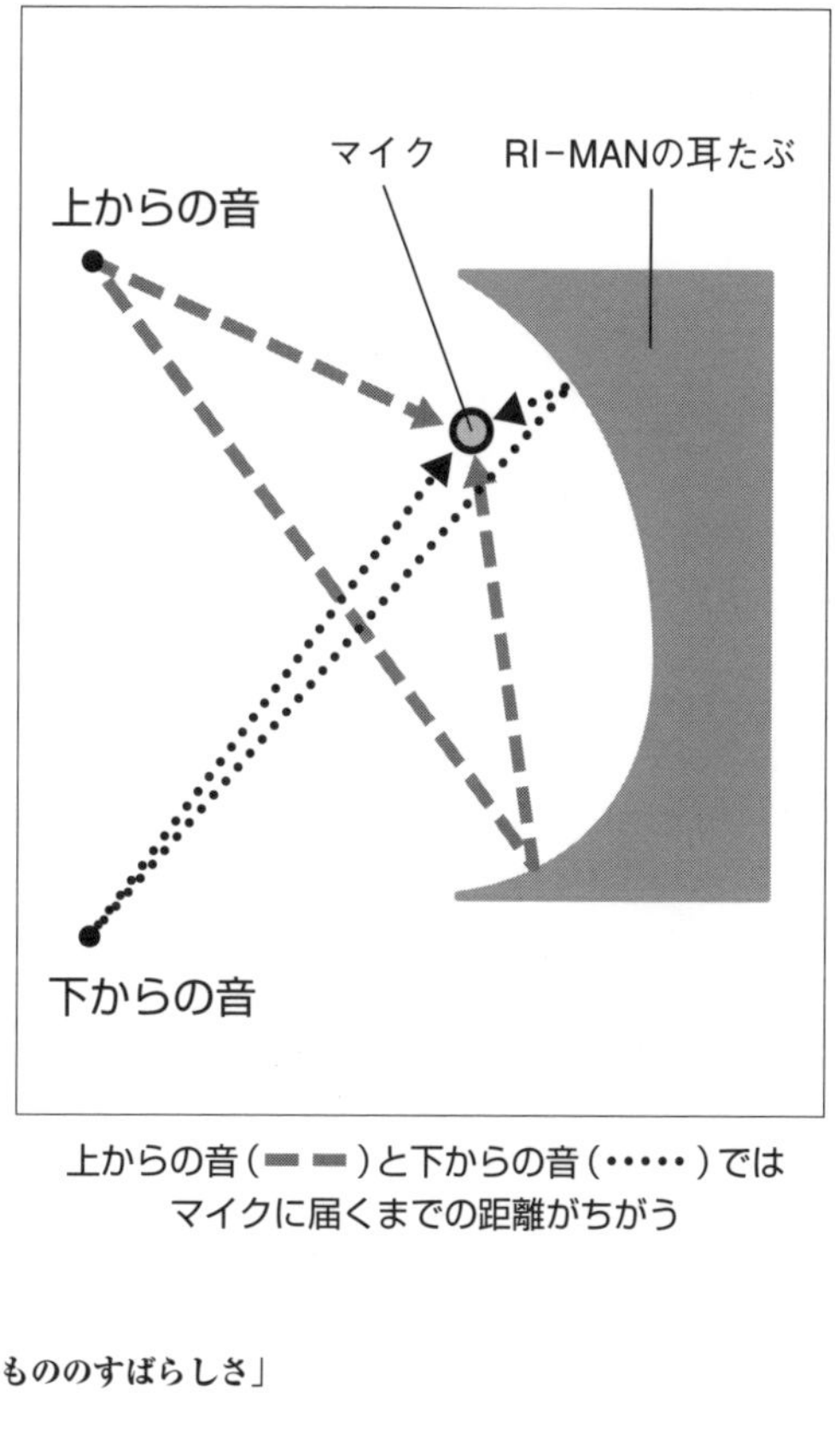

上からの音（━ ━）と下からの音（・・・・・）では
マイクに届くまでの距離がちがう

必要な音だけを選びだすことがむずかしいのです。

会社や学校、街には、いろいろな音があふれています。その中で、聞きたい人の声だけを聞きわけることが、わたしたちにはできます。たとえばみなさんのクラスでは、休み時間にはワイワイ、ガヤガヤと、いろいろな友だちが楽しくおしゃべりをしていることでしょう。そのときにあなたは、会話している相手の声だけを、聞きとることができますね。

これも、すごいことなのです。最近になってようやく、とてもむずかしい数学を使って、雑音《ざつおん》のある中で必要な音だけを聞きとる技術《ぎじゅつ》が開発されてきました。まざりあった信号から、必要な信号だけを分《ぶん》離《り》して取りだす技術です。

目と耳のどちらを優先《ゆうせん》する?

「あの人をだきかかえてください」

ベッドを指さしてこう命令すると、RI－《リー・》MAN《マン》はまずあなたに顔を向けます。

これは音が来る方向をつきとめる能力《のうりょく》と、もう一つ、目でとらえた画像《がぞう》の中から人間の顔を探《さが》しだす能力を使って実現《じつげん》しています。「顔

人間の顔を見つけだせるRI－MANの目

に似《に》た形と色をした物体」を見つけだすのです。

「耳でとらえた音」と「目でとらえた画像」という、ことなる二つの感覚データを組みあわせて、命令した人のほうへふりむく、というわけです。

ＲＩ－ＭＡＮは、なにも音がしなくても、人間の顔をずっと見つめつづけることができます。ある人に顔を向けているときに、別の人が声をかけたとしましょう。するとＲＩ－ＭＡＮは、その声の主のほうへ顔を動かします。わたしたちはＲＩ－ＭＡＮに、次のように命令しているからです。

「なにも音がしないときには、最初に見つけた顔をずっと追いつづけなさい」

「音が聞こえたときには、そちらのほうを向いて、顔があるかどうか探しなさい」

つまり、目からの情報《じょうほう》よりも、耳からの情報を優先《ゆうせん》して、音がしたほうへ向くように設定《せってい》しているわけです。

では、わたしたち人間は、目と耳からの情報のどちらを優先しているの

人の顔を追って、見つめつづける実験

でしょう。それは、よくわかっていません。

わたしたちの五感、つまり視覚《しかく》、聴覚《ちょうかく》、触覚《しょっかく》、嗅覚《きゅうかく》、味覚《みかく》の情報《じょうほう》は、脳《のう》の中で影響《えいきょう》しあい、それでいろいろな判断《はんだん》がくだされていることが知られています。

たとえば、耳では「ば」という音を聞いているのに、「が」を発音しているときのくちびるの動きを見ると、音が「が」に聞こえたり、「だ」に聞こえたりします。これを専門《せんもん》のことばで、「マガーク効果《こうか》」といいます。目で見た情報が、音の判断に影響をあたえているのです。

どんなにおいしい食べものでも、見た目がまずそうだと、あまりおいしく感じないことがありますね。これは目で見た情報が、味覚に影響する例です。

さまざまな場面で人間は、五感のどの情報を優先《ゆうせん》するのか？　五感の情報がどのように影響しあい、判断されるのか？　これは脳科学《のうかがく》が解明《かいめい》すべき、とてもおもしろいテーマです。

そしてわたしたちロボット研究者が、ぜひ知りたいことなのです。

鼻は、顔にない!?

RI－MAN《リー・マン》の顔の真ん中にあるのは、においをかげない、にせものの鼻です。ではいったい、ほんとうの鼻は、どこだと思いますか。

RI－MANは、介護用《かいごよう》ロボットをめざして開発を進めていました。人間をだきかかえたときに、その人のおむつがぬれていないかどうかを知るためには、どこにあると都合がよいでしょう？　10ページの写真を、もう一度見てください。わき腹《ばら》がよさそうですね。

だから、そこに尿《にょう》のにおいガスを通すあなをあけ、においを感じることができる「においセンサー」を内部に取りつけました。

わたしたちの人間の鼻の奥《おく》には、においの成分をつかまえるところがあります。においの成分をさまざまな形のかぎにたとえると、鼻の奥にはいろいろな形のかぎあながあります。そこで、さまざまな種類のにおい成分を受けとめるのです。そのかぎあなは、千種類もあるといわれています。

たとえば、いくつかのにおい成分がまざっているカレー。かぎあなのどれとどれがにおいの成分を受けとめたかで、「あっ、これはカレーのにおいだ」とわかるのです。これも、じつにすばらしいしくみです。でも、このようなしくみを、ロボットですぐに実現《じつげん》することはむりです。

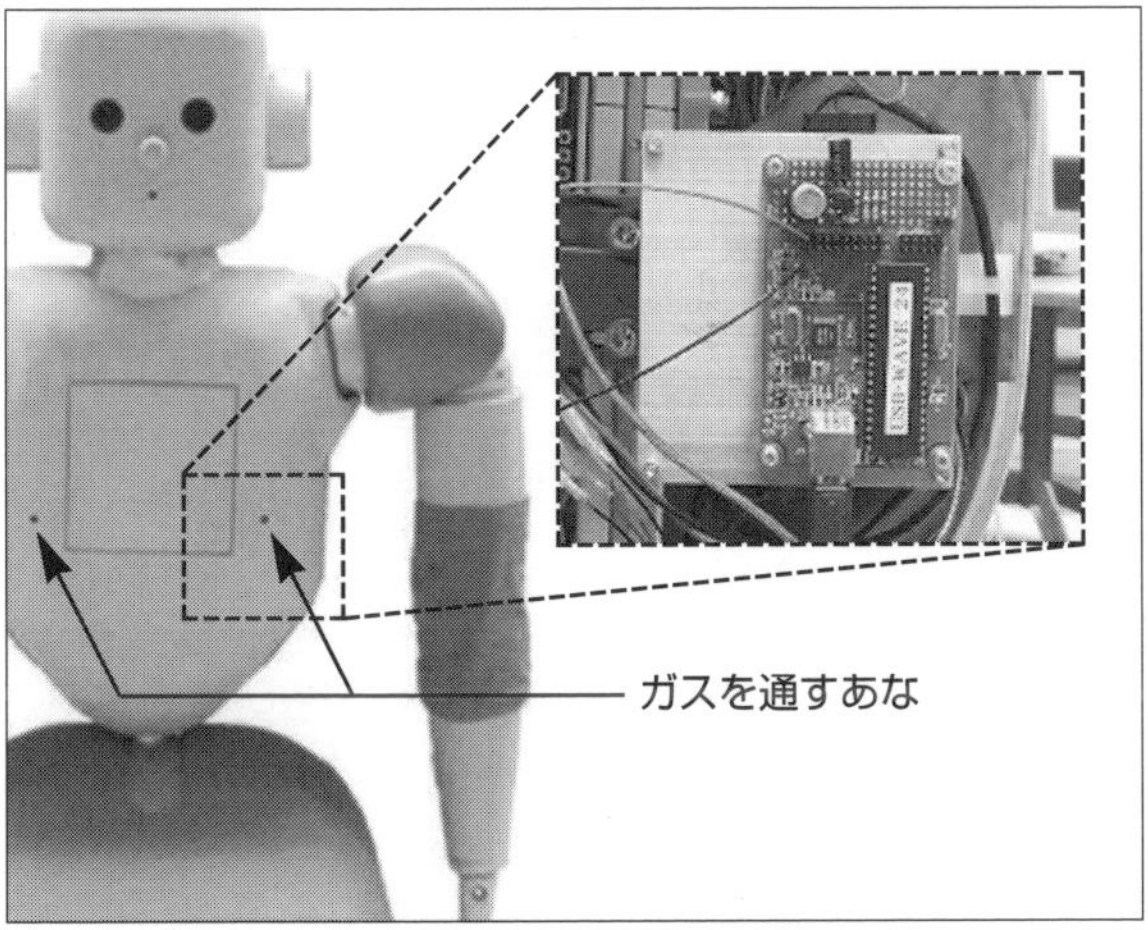

においのガスを通すあなと、「においセンサー」

そもそも、においセンサーの開発自体が、たいへんおくれています。なにかガスが来た、ということはわかっても、それがどんな種類のガスで、どのくらいの濃《こ》さか、ということがわからないのです。

　みなさんの家の台所には、ガスもれを知らせる警報機《けいほうき》があると思います。これも、においセンサーの一つで、コンロからガスがもれだしていることを知らせるものです。でも、お酒をあたためるときにも、まちがって警報音《けいほうおん》が鳴ってしまうことがあるそうです（絶対《ぜったい》、まねしないでくださいね）。これは、ガスとお酒のにおいを、センサーがかぎわけられないからです。

　このようなにおいセンサーの多くが、半導体《はんどうたい》という材料を使っています。半導体は携帯《けいたい》電話やパソコンなど、あらゆる電子機器の材料として使われているものです。この半導体で、なんとかにおいをかぎわけられないだろうかと研究を進めているのが、RI－MAN《リー・マン》チームの加藤《かとう》陽《よう》さんです。

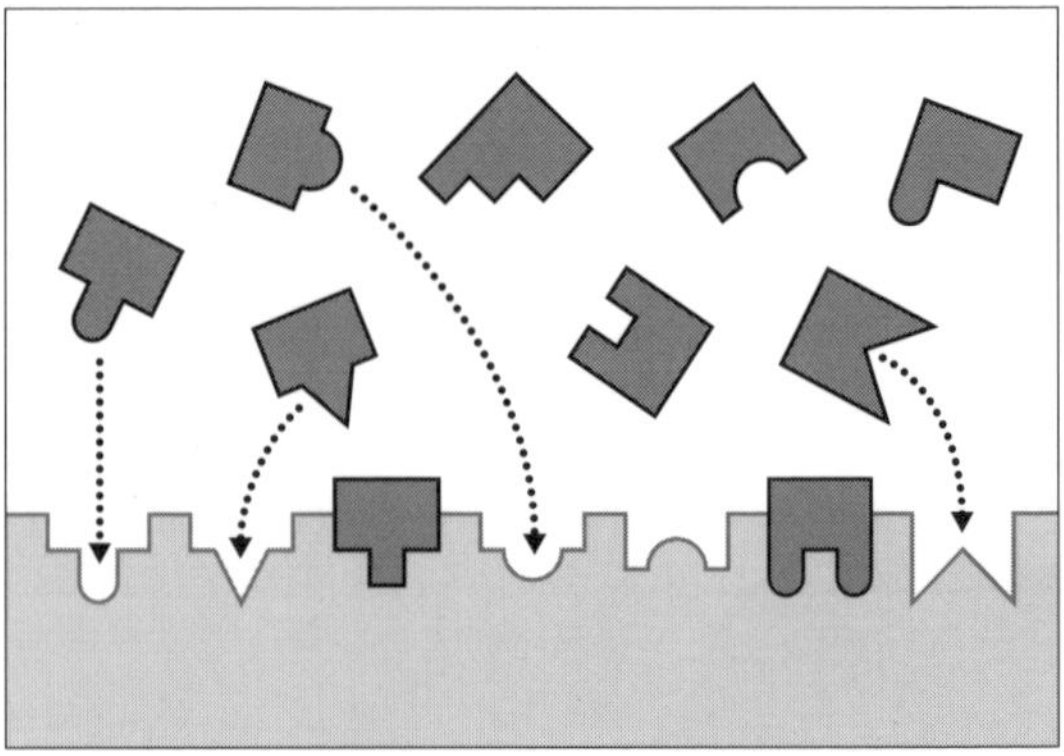

においの成分と、それをとらえるかぎあな

　半導体のにおいセンサーのしくみを説明しましょう。半導体の表面の温度を、高くしておきます。すると、そこにやって来たあるガスの成分が半導体の表面で燃《も》え、それによって半導体の電気の流れやすさ（電気抵抗《ていこう》といいます）が変わるのです。その変化で、ガスが来たことがわかります。

たとえば、お酒のにおい成分が一個《こ》と、ガスの成分一個が半導体についたとしましょう。それぞれの燃えかたがことなれば、電気抵抗は同じではありません。それで、二つのにおいは区別できますね。ところが、お酒の成分が一個とガスの成分が二個来たときに、たまたま燃えかたが同じなら……、同じような電気抵抗となり、区別できません。

さて、どうすればいいでしょう。

加藤さんは半導体がもつ、ある性質《せいしつ》を使うことを思いつきました。それは半導体が、低い温度のときにはお酒の成分への感度が高く、少し温度を上げればコンロのガスの成分への感度が高くなる、ということです。

そこで、時間の経過《けいか》とともに、半導体センサーの温度が変わるようにしました。すると、ある時間にはお酒への感度が、ちがう時間にはコンロのガスへの感度が高い、というふうになりますね。これで、ガスの種類を区別できそうです。

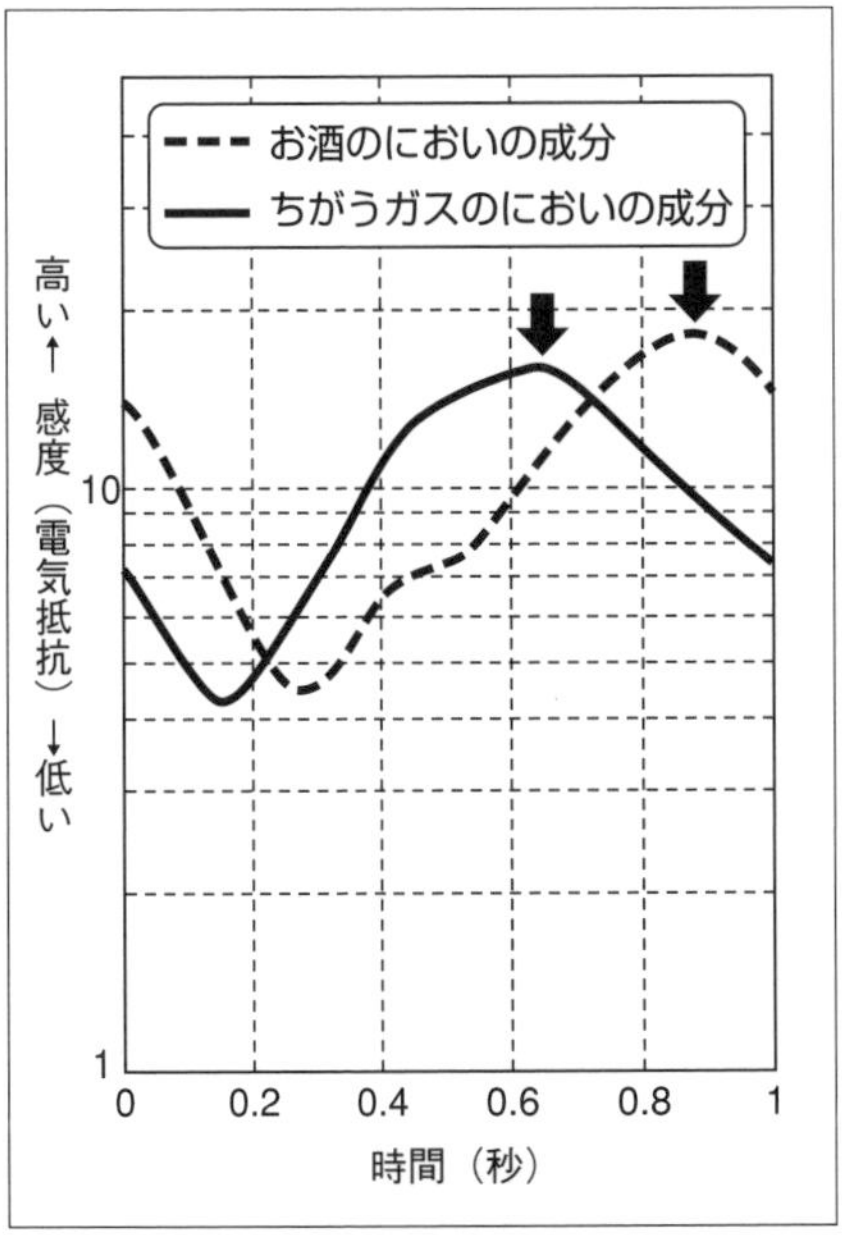

時間とともにセンサーの温度が上下するので、においの成分ごとにセンサーの感度が高い時間（⬇）がことなる

この方法で、今のところ、アンモニアやアルコールなど、八種類のにおいをかぎわけることに成功しました。温度変化のさせかたをいろいろと変えることで、もっとたくさん、においを区別できるようになるでしょう。

RI-MAN《リーマン》、ついに完成！

たくさんの問題を乗りこえて、二〇〇六年三月、わたしたちはついにＲＩ－ＭＡＮ《リーマン》を完成させました。記者発表をおこなうと、おどろくほどたくさんの人たちからの反響《はんきょう》がありました。

なかでも、アメリカの有名な週刊誌《しゅうかんし》『タイム』にとりあげられたことは、とてもうれしかったですね。『タイム』は、二〇〇六年のもっともすぐれた発明品（Best《ベスト》 Inventions《インヴェンションズ》 2006）に、ＲＩ－ＭＡＮを選んでくれました。

そのとき、ＲＩ－ＭＡＮはまだ、一二キロ

記者発表で人形をだきかかえる実演《じつえん》をするRI－MANと、インタビューを受ける著者《ちょしゃ》

の人形しかだきあげられませんでした。その後パワーアップを続け、四〇キロの人形をだけることまでは確《たし》かめています。そして、目標だった六〇キロの人形をだけるように、さらにパワーアップを進めました。

ただしそれは、まだ実験で確かめていません。この本が出るころには、実験に成功しているかもしれません。

もちろん、介護用《かいごよう》ロボットを実現《じつげん》するためには、さらにロボットを進化させる研究を進めなければなりません。

たとえばわたしたちは、RI－MANの関節をモーターで動かしました。でも、モーターを使うことが最適《さいてき》な方法だとは思っていません。

現在《げんざい》、ロボットを動かす「人工筋肉《きんにく》」の開発が、さかんに進められています。

わたしたちの体を動かす筋肉は、神経細胞《しんけいさいぼう》というところから出された電気の信号を受け、それでのびちぢみします。これと同じように、電気信号でのびちぢみして、大きな力を出せる新しい材料ができれば、どうでしょう。それは、筋肉と同じようなはたらきをする人工筋肉となりそうですね。

ゴムのような材料ならば、軽くてやわらかく、しくみが簡単《かんたん》で、あまり電力がいらない人工筋肉をつくれる可能性《かのうせい》もあります。もし、そのような人工筋肉ができれば、ロボット以外のさまざまな機械にも使われることでしょう。

RI－MAN《リー・マン》はまだ、全身を触覚《しょっかく》センサーつきの皮ふでおおうことができていません。さきほど、関節の部分がとくにむずかしい、と話しました。それを実現《じつげん》するには、触覚センサーも曲げのばしができる新しい材料でつくる必要がありそうです。

ロボットを進化させるには、ロボットそのものをかしこくするような研究とともに、ロボットをつくるための材料の開発が重要なのです。

今、多くの人たちが、ロボットに注目しています。ロボットそのものが、将来《しょうらい》、たくさんの人の役に立つようになることを期待されているからです。それとともに、ロボット研究で生みだされた技術《ぎじゅつ》や材料が、ほかの分野でも広く応用《おうよう》できる可能性《かのうせい》がとても大きいからです。

頭で思いうかべただけで、RI－MAN《リー・マン》を動かす！

二〇〇六年からすでに、わたしは兵庫《ひょうご》県神戸《こうべ》市にある神戸大学でも、ロボットの研究をおこなっています。ここでは、大学院生の奥村《おくむら》 允《まこと》さんと岸《きし》 悟志《さとし》さんがわたしの研究室で、頭で思いうかべたとおりにRI－MANを、前後左右に動かす研究を進めています。

現在《げんざい》、さまざまな方法で、脳《のう》のはたらきを調べる研究が進められています。この「くもんジュニアサイエンス」シリーズの中で、『自分の脳を自分で育てる』、『脳を育て、夢《ゆめ》をかなえる』を書かれた東北大学の川島隆太《かわしまりゅうた》先生は、そのような研究の第一人者です。

脳の中でさかんに活動している部分では、多くの酸素《さんそ》を必要とするので、酸素を運ぶ血液《けつえき》がたくさん流れます。だから、どこでたくさんの血液が流れているのかを調べれば、そこがよく活動しているとわかりますね。今では、人間がいろいろな行動をしたり、さまざまな気持ちになったりしたときに、脳のどこがより働いているかを画像《がぞう》にして見ることができるようになっています。

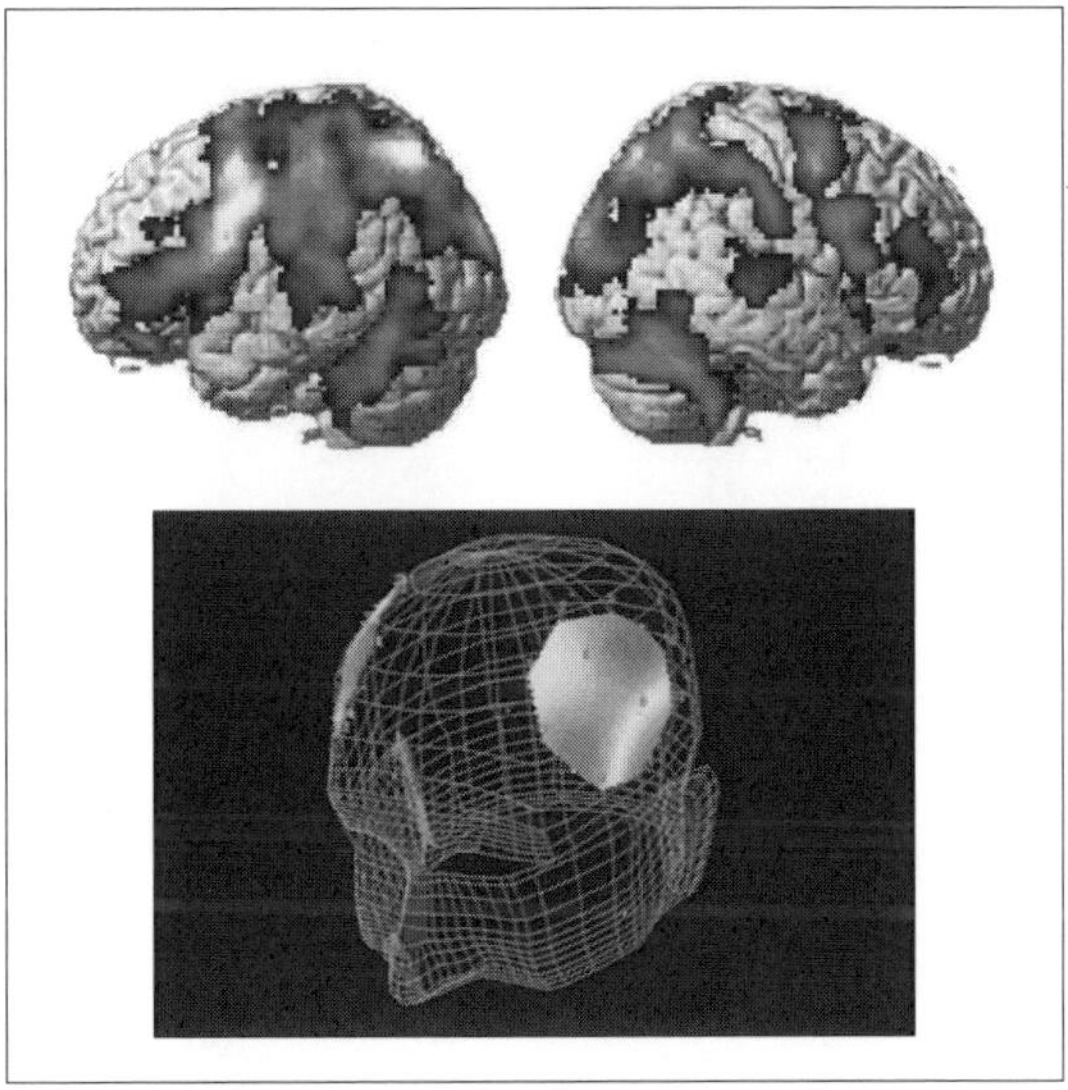

簡単《かんたん》な計算をしたとき（上）や、音読をしたときの脳の活動のようす（『脳を育て、夢をかなえる』川島隆太／著《ちょ》 くもん出版《しゅっぱん》より）

そして、このような技術を応用して、パソコンやロボットなどの機械を動かす研究が、さかんにおこなわれています。「ブレイン・マシン・インターフェース（BMI《ビーエムアイ》）」とよばれている研究です。ブレインは脳、マシンは機械、インターフェースは人と機械との結びつきを意味することばです。つまり、脳と機械を結びつけて、頭で思いうかべたとおりに機械を動かしたり、反対に、機械がとらえた情報《じょうほう》を直《ちょく》接《せつ》、脳《のう》に送ったりする、というような研究です。

これらの研究を進めることで、将来《しょうらい》、病気や事故《じこ》で手足が不自由になったり、ことばをうしなってしまった人でも、その人が頭で考えたことをパソコンが文章にして、家族やまわりの人に伝えられるようになる、と期待されています。

みなさんには、SF《エスエフ》小説に出てくるような未来の技術《ぎじゅつ》だと思えるかもしれません。でも実際《じっさい》には、いろいろな実験が進められているのです。

次のページの図を見てください。奥村《おくむら》さんと岸さんは、光の一種である赤外線《せきがいせん》で脳の中の血液《けつえき》の流れかたを調べる方法を使い、RI－MAN《リー・マン》を動かす研究を進めています。このような技術を、ロボットならではの能力《のうりょく》として利用できるはずです。手足の自由やことばをうしなった人たちが、頭で思いうかべただけでロボットを操《あやつ》れたら、どんなに助かることでしょう。

二〇〇八年秋、RI－MANチームは、それぞれのメンバーが新しい道を歩きはじめました。

何人かの研究者は理研《りけん》をはなれ、ほかの大学や研究所で研究を進めています。この本が出るころには、わたしも長年お世話になった理研をすっかりはなれて、もっぱら神戸《こうべ》大学で、若《わか》い学生たちと、ロボットをさらに進化させるための研究を進めます。

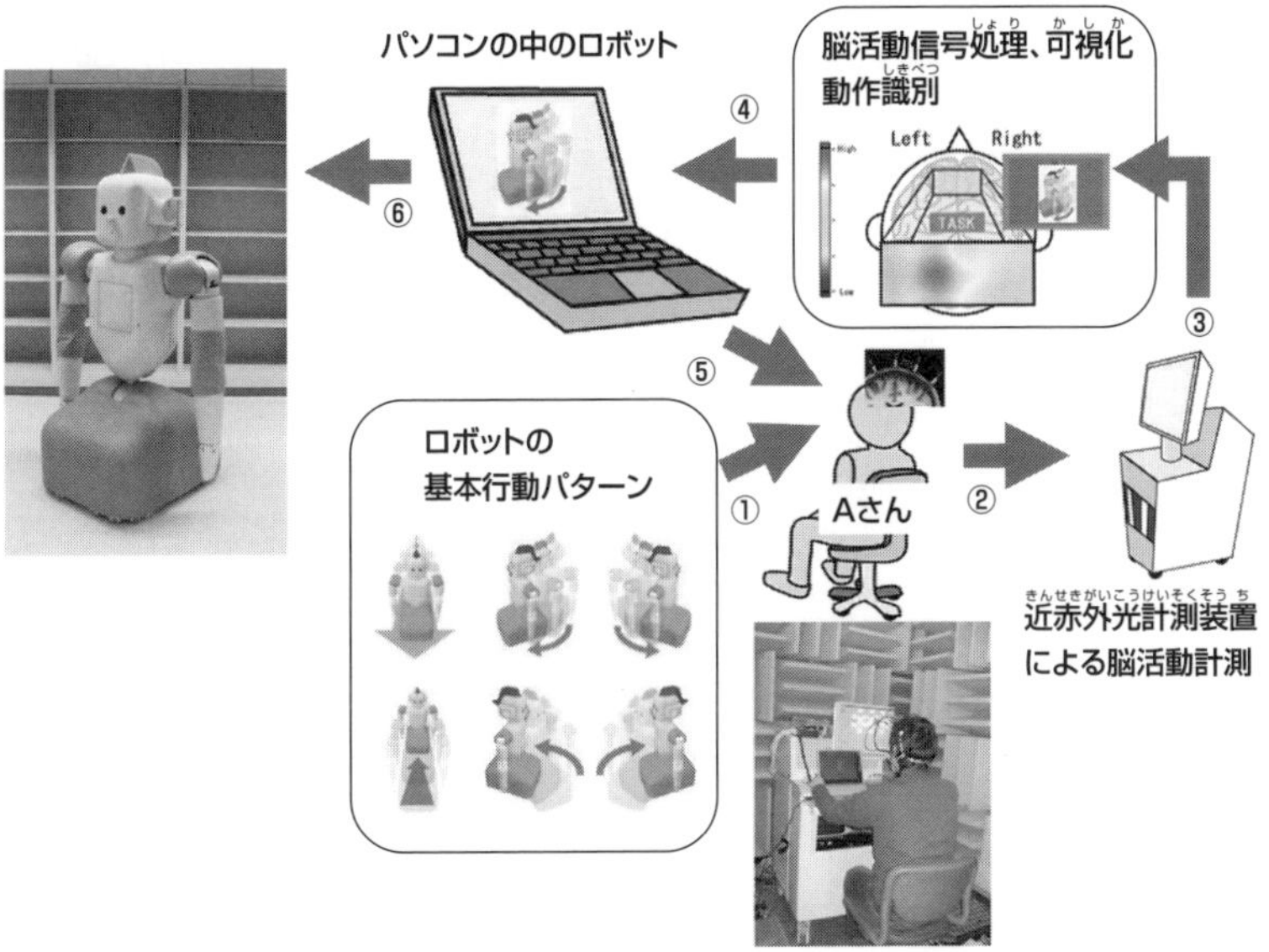

①いすにすわったA《エイ》さんは、「右に回れ」、「前進」など、ロボットの基本《きほん》動作の一つを頭に思いうかべる　②そのときのAさんの脳の活動を、赤外線ではかる　③脳の活動のようすから、Aさんが思いうかべた動作がどれかを調べる　④その動作を、まずパソコンの中のロボットにさせてみる　⑤Aさんが確認《かくにん》する　⑥Aさんがまちがいないといえば、実際のロボットにその動作をさせる

頭で思いうかべただけでRI－MANを動かす研究（提供：神戸大学／羅研究室）

第四章　二〇年後のわたしたちとロボット

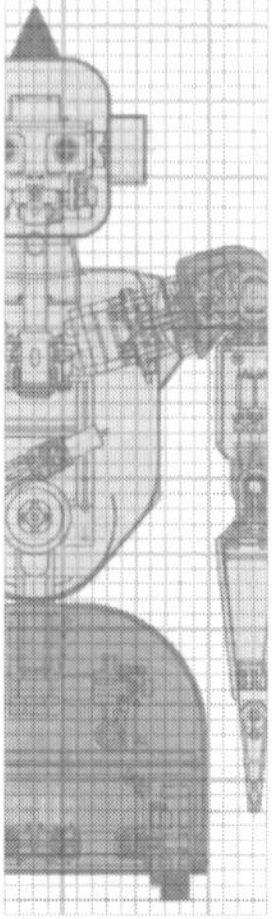

知能《ちのう》をもつロボットはできる？

ＲＩ《リー》－ＭＡＮ《マン》のようなロボットは、これからどのように進化するのでしょうか。介護用《かいごよう》ロボットは、はたして実現《じつげん》するのでしょうか。わたしは、次のように予測《よそく》しています。

まず、第一段階《だんかい》は、人間と協力しながら介護作業をするロボットです。わたしたちがまず、介護される人の姿勢《しせい》をだきやすいように変え、それからロボットがだきかかえる、といった形です。これなら、今のＲＩ－ＭＡＮでもじゅうぶんに能力《のうりょく》があります。

第二段階では、わたしたちがリモコンで操作《そうさ》する介護用ロボットです。たとえば、看護師《かんごし》さんが介護される人のようすをカメラで見て、必要な場合には介護用ロボットをリモコンで操《あやつ》り、姿勢を変えてあげる、といったことが考えられます。

むずかしいのは、その次の第三段階です。第一段階や第二段階では、そのときに必要な動作をわたしたち人間が指示《しじ》しますね。そうではなく、人間のかわりにロボット自身が状況《じょうきょう》を判断《はんだん》して、行動することはできるのでしょうか。あるいは、それまでに覚えたり、経験《けいけん》したりしたことをもとに、新たに必要な動作を生みだすことは可能《かのう》なのでしょうか。

そのときに求められることを、自分で判断しておこなうこと。これは介護用ロボットだけでなく、工場を飛びだし、わたしたちの身の回りで働く、すべてのロボットに必要なことです。

しかし、おそうじロボットの例で少し話しましたが、こういう場合にはこういう動作を、ちがう場合にはこうする、といったことを全部、ロボットに覚えこませることはできません。切りがないからです。

工場のロボットならば、「こういう場合」が限《かぎ》られているので、全部を教えればよいのです。しかし、街や家庭では、なにが起きるかわかりません。

人間をだきあげる場合でも、だきあげられる人が、いつもあお向けとは限りませんね。横向きだったり、足を曲げていたり、のばしていたり。初めて見る姿勢だとしても、どこに手を差しいれたらいいかを、それまでの経験をもとに考え、動作を新しく生みだす……、それが今のロボットにはできません。

わたしたちはどうでしょう。動作のこつさえ覚

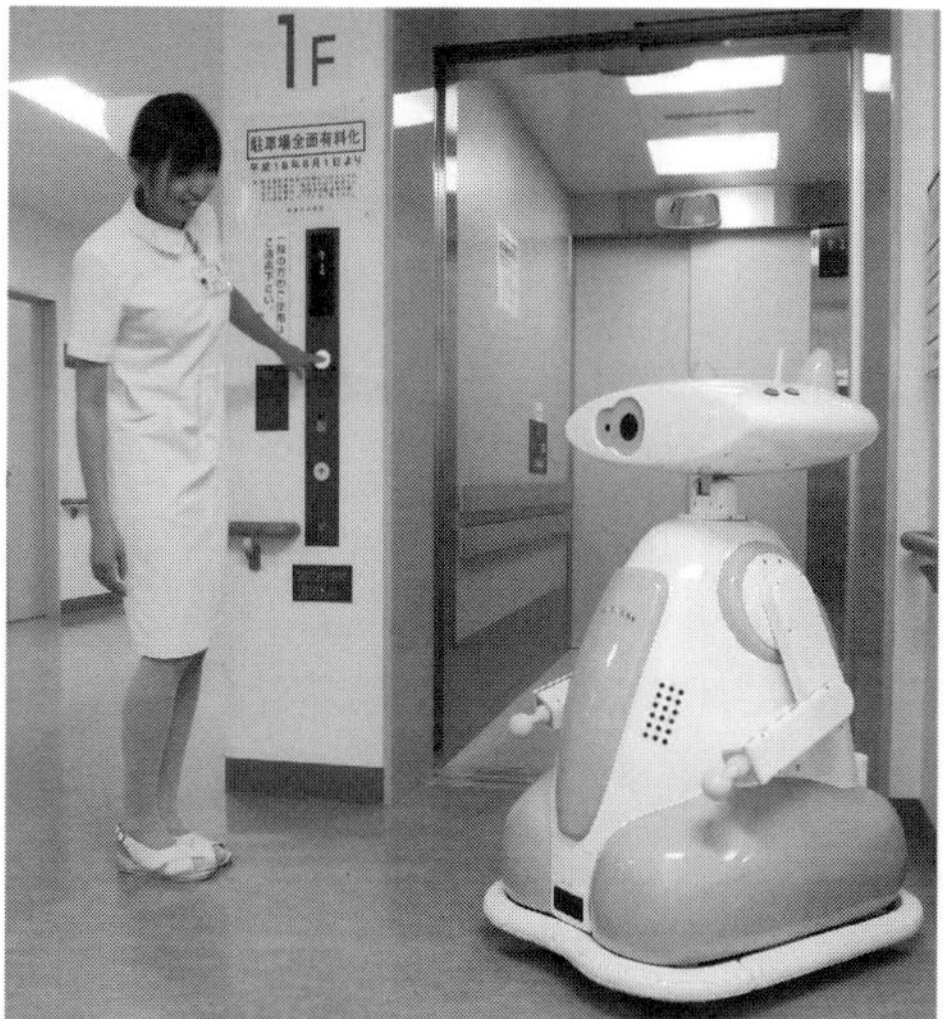

病院で働く案内ロボット。近くのエレベーターまで案内したり、荷物を持ちはこぶことができる
（提供：会津中央病院・テムザック）

えれば、初めて経験《けいけん》することでもうまくやっていけますね。経験したり、教えられたりした以上のことができます。それが、りっぱなかしこさ、知能《ちのう》なのです。

知能というと、算数の計算をしたり、文章を書いたりということだけと思いがちです。しかし、ロボット研究者のわたしたちから見ると、いろいろな運動や動作にはすべて、知能が必要です。そもそも、算数の問題を解《と》くにも、サッカーボールをけるにも、脳《のう》や神経《しんけい》のはたらきがかかわっています。もう少し広い意味で、知能を考えなければいけないようです。

自転車に乗ることにも、人をだきあげることにも、もちろん知能が必要です。知能とは、こつをつかみ、そのこつを利用して、いろいろな環境《かんきょう》に合わせてうまくやっていくような能力《のうりょく》だ、とわかりますね。

だからスポーツには、とても高い知能が必要です。たとえば、日本の国技《こくぎ》である相撲《すもう》。どちらの力が強いかだけを競うなら、それほど知能はいりません。そうではなく、力のかけ具合で勝ち負けが決まりますね。相手がおしてきたら引いたり、引いた瞬間《しゅんかん》におしこんだりと、そのときの状況《じょうきょう》に合わせて力の

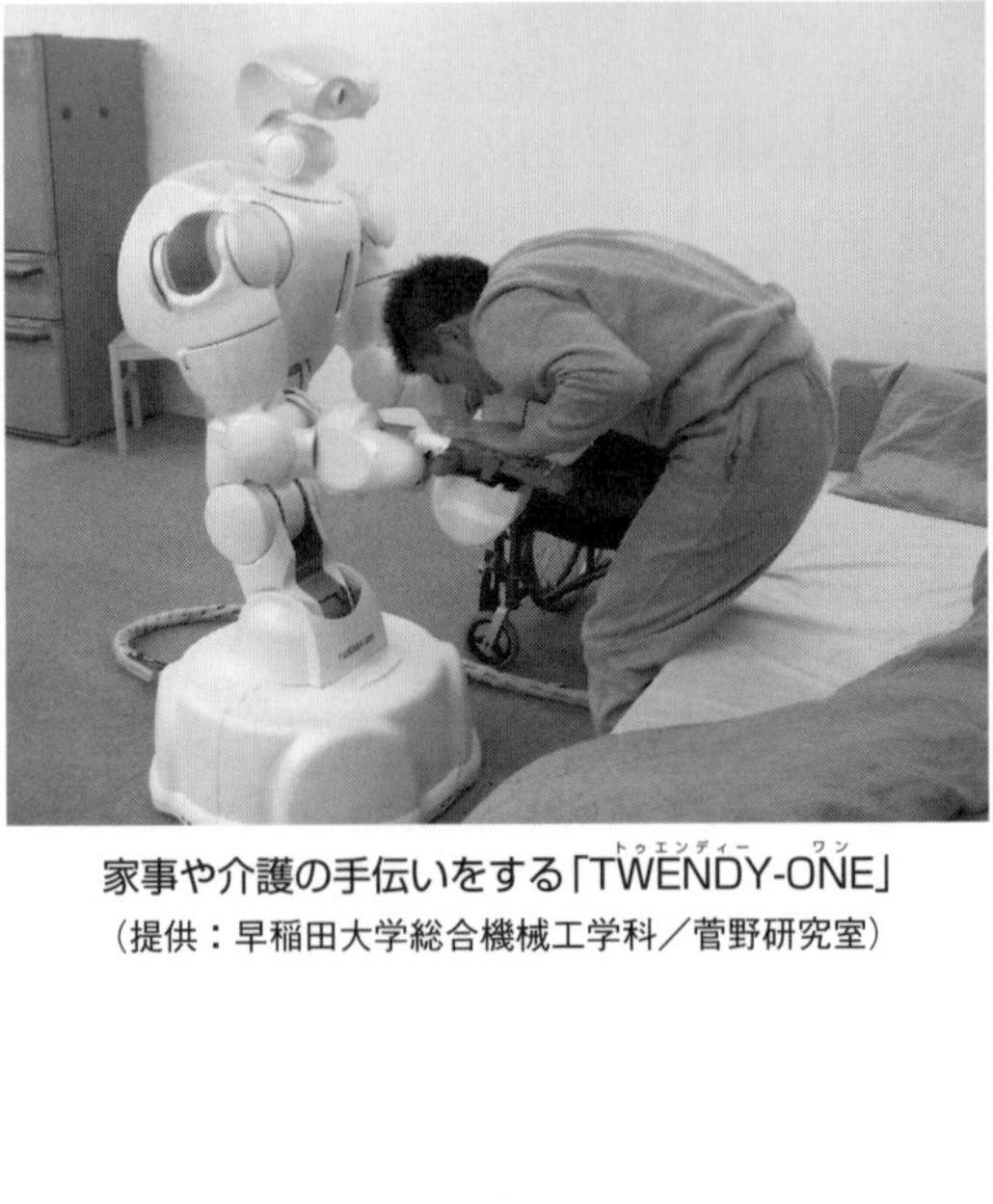

家事や介護の手伝いをする「TWENDY《トゥエンディー》-ONE《ワン》」
（提供：早稲田大学総合機械工学科／菅野研究室）

かけかたを変えるのです。これには、とても高度な知能を必要としています。

その時どきの状況に合わせて、自分で考えながら仕事をするかしこさ、知能をもつロボットを、どうしたらつくることができるのか。今はそれが、ロボット研究者のいちばんのなやみなのです。

人とロボットの関係を考えてみよう

ところで、RI－MAN《リー・マン》という名前は、どういう意味だと思いますか。

理化学《りかがく》研究所、理研《りけん》（RIKEN《リケン》）がつくったロボットだからRI－MAN？ それも正解《せいかい》です。

しかし、もっと深い意味があります。英語の、「Robot《ロボット》 Interacting《インタラクティング》 with《ウィズ》 Human《ヒューマン》」からつけました。「人間とたがいにかかわりあうロボット」、という意味です。

工場を飛びだしたロボットが、街や学校、家庭で人間とどのようにかかわりあえばよいか、それを研究するためのロボットがRI－MANなのです。RI－MANはロボットの名前としてだけでなく、人間とロボットとの関係を考える研究テーマの名前としても使っています。

わたしは理研をはなれましたが、これからも人間とロボットの関係を考えるRI－MANの研究を続けます。

今、具体的に取りくんでいるテーマの一つは、やはり介護《かいご》の中でロボットを役立てることです。状況に合わせて、ロボットが自分で判断《はんだん》して行動することのむずかしさを、何度も話してきました。それを解決《かいけつ》していくには、まずは人間とロボットのかかわりかたについて研究する必要があります。「介護《かいご》する」ということで、もう少しくわしく見ていきましょう。

介護にはまず、会話が必要です。人間のことばを正しく理解《りかい》する。この第一ステップでさえ、ロボットはまだ完ぺきにできません。

次に、介護される人のようすを、よく観察する必要があります。ことばや表情《ひょうじょう》から、相手がどんな気持ちなのか、なにをしてほしいと思っているのかなどを知る、第二ステップ。これもまだまだ、ロボットにはたいへんむずかしいことです。

単に笑っている、おこっている、泣いているという区別はできるでしょう。でもわたしたちは、悲しくて泣くことも、うれしくて泣くこともあります。みなさんなら、泣いているわけが常識《じょうしき》でわかりますよね。でも、今のロボットには、表情からわたしたちの気持ちを推測《すいそく》することがむずかしいのです。

朝、みなさんは学校で友だちと会ったときに、一朗《いちろう》くんは元気そうだなとか、由美《ゆみ》さんは体調が悪そうだとか、気づきますね。でもロボットには、わたしたちの表情やしぐさ、ことばから、ようすや具合を知ることが、とてもむずかしいのです。

でも、介護するのなら、介護される人が今日は元気なのか、具合が悪そうなのかがわからないようでは困《こま》りますね。

おそらく将来《しょうらい》は、ロボットならではの方法で、介護される人の健康状態《じょうたい》や気持ちなどを知ることができるようになると思います。

さきほど、頭に思いうかべたとおりにＲＩ－ＭＡＮ《リー・マン》を動かす研究を紹介《しょうかい》しました。そこで話したのは、脳《のう》の画像《がぞう》から、その人がなにを思っているかがわかる、ということでした。このような技術《ぎじゅつ》を組みこめば、ロボットは、表情やしぐさからでさえわからないほどの、わずかな気持ちの変化をとらえて、介護に役立てるようになるかもしれません。

さらに、ロボットの頭はコンピューターなので、体温などの体に関するデータを毎日調べて、正しく記憶《きおく》しておくことができます。それらも使って、体調の変化がないかどうかを知ることもできるでしょう。

いわれるがままに動かない

さて、いちばんむずかしいのは、第三ステップです。

介護される人になにかをたのまれたとき、ロボットがそのとおりに行動するべきかどうかを判断することです。いわれたとおりに動くことが、よい介護とは限《かぎ》らないからです。

なかでも、年をとって、まわりのことを判断する力がおとろえた人のいうとおりにロボットが行動したら、とんでもないことになる場合があります。たとえば真夜中に、「病院をぬけだして、友だちの家に連れていってくれ」といわれて、ロボットがその手伝いをしてしまったら……、たいへんですね。

もしRI-MAN《リー・マン》が、自分の足で立ってトイレに行ける人をだきかかえて、連れていってしまったら、その人の足こしはおとろえるばかりです。自分でできることはなるべくやってもらう、そのほうが、その人のためになるのです。

お年寄《としよ》りの中には、転んだときに足の骨《ほね》を折ってしまい、ねたきりになる人がたくさんいます。ねたきりになると、体のさまざまな機能《きのう》ばかりでなく、ものごとを考えたり、判断《はんだん》したりする能力《のうりょく》もおとろえます。だから、そのような人たちを介護《かいご》する場合は、できるだけ早くに、ベッドから起きあがることができるように手助けすることが必要です。

「だきかかえて、トイレに連れていって」とたのまれたとき、「あなたの足は、もうだいじょうぶですよ。わたしにつかまって、立ちあがってみてください」と手助けする、そんな介護用ロボットをつくり

高齢者《こうれいしゃ》向けのロボット「よりそいifbot《イフボット》」。お年寄りとうまく会話をしたり、脳をトレーニングするためのクイズを出すことができる（提供：ビジネスデザイン研究所）

たいと思います。単に人をだきかかえるだけでなく、介護される人が自分でできるようになることをうながすような、介護用ロボットです。

介護の現場《げんば》には、人間にはできても、ロボットにはむずかしいことがたくさんあります。でも、ロボットならでの方法で、人の役に立つことも、きっとたくさんあるでしょう。

ロボットで楽しくリハビリ訓練

最近、わたしはリハビリセンターをよく訪《おとず》れます。介護の現場で、ロボット技術《ぎじゅつ》を役立てる研究のためです。そこでは、脳《のう》の中の血管で出血が起きて、手足に指令を送る神経《しんけい》が傷《きず》つき、不自由になってしまった人たちなどが、いっしょうけんめいにリハビリ訓練をおこない、機能を回復《かいふく》しようとしています。

しかし、リハビリ訓練というのは、あまりおもしろいものではないようです。理学療法士《りがくりょうほうし》という、リハビリ訓練を手助けする専門《せんもん》の先生たちがいろいろ工夫していますが、訓練を受ける人たちはあまり楽しそうではありません。

それはそうでしょう。みなさんも、想像《そうぞう》してみてください。ついこの間までちゃんと歩けていたのに、ある日とつぜん、体が動かなくなってしまったら……、とても大きなショックを受けますね。歩こうとしても、体がいうことを聞かず、うまく歩けないのですから。とても悲しい気持ちになるでしょう。

そのうえ、つらいリハビリ訓練を毎日おこなっても、すぐによくなるものではありません。

理学療法士《りがくりょうほうし》の先生たちは、「動きたいという意欲《いよく》さえうしなわなければ、助けることができるのです」といいます。もっとも重要なのは、不自由になった手足を自分で動かそう、という意欲なのです。勉強でも、スポーツでも、なんでもそうですね。意欲をもってやらないと、効果《こうか》があがりません。

リハビリセンターでは、訓練中の人がつまずいても、だれも手をさしのべません。そばで見ているわたしは、つい手を出しそうになりますが、理学療法士の先生たちは絶対《ぜったい》にそうしません。つまずくと、もちろん痛《いた》い思いをします。すると次からは、「これからは、つまずかないぞ!」と意欲が出てくるのです。

では、どうしたら、もっと意欲をもってリハビリ訓練に取りくんでもらえるでしょう。ロボットを役立てることはできないでしょうか。

そのヒントが、コンピューターゲームです。ゲームを楽しみながら、いろいろな運動ができるゲーム機がありますね。コンピューターゲームについては、わたしよりもみなさんのほうが、きっとくわしいでしょう。

介護《かいご》用ロボットにも、楽しいコンピューターゲームの技術《ぎじゅつ》などを取りいれたら、リハビリ訓練をもっと楽しみながらすることができると思います。ロボットならではの方法で、リハビリ訓練を楽しんでもらうのです。

また、体の動かしかたがよくなってきていることをあらわす、ほんのわずかな変化をセンサーではかり、それをしめせば、リハビリ訓練が効果をあげていることをわかってもらえるかもしれません。リハビリの成果で、神経《しんけい》のはたらきが回復《かいふく》していますよ、と教えてあげることができればいいですね。少しでも効果があるとわかれば、きっと意欲をもって取りくめるでしょう。

友だちロボットにできることは？

友だちロボットについても、考えてみましょう。

もちろん、宿題をかわりにやってくれるような友だちロボットではだめですね。ロボットがわたしたちの身近にいることで、人間のすばらしい能力《のうりょく》に気づかせてくれたり、ロボットに負けるもんかとやる気を出させてくれる——そんなロボットをつくりたい、と考えています。そのようなロボットこそを、わたしは「友だちロボット」とよびたいと思います。

友だちロボットは、具体的にどんなことができるでしょう。そのヒントとして、三菱《みつびし》重工業がつくったロボット「ワカマル」がおもしろいと思います。

ワカマルはおもに、二つのことをします。

一つは、家族の生活の見守りや管理です。たとえば、いつも朝六時に起きてくる人が起きてこないときに、声をかけてくれます。

もし、話しかけても反応《はんのう》がなければ、遠くはなれた家族に電子メールで連絡《れんらく》することもできます。ワカマルは、ロボットとインターネットを組みあわせて、遠くはなれた人どうしをつなぐことができるのです。

さらに、興味《きょうみ》のあるテーマをワカマルに設定《せってい》しておくと、インターネットでそれに関連する情報《じょうほう》を探《さが》しだすこともできます。

もっと発展《はってん》すれば、将来《しょうらい》、同じテーマに興味がある友だちを、ロボットがインターネットを通じて探しだす、ということも可能《かのう》になるでしょう。これまでは知りあえなかった、遠くはなれた人と人が友だちになる、ロボットがその紹介役《しょうかいやく》として働くことができるかもしれません。

「ワカマル」（提供：三菱重工業）

今でも、インターネットの技術《ぎじゅつ》を使い、新しい友だちの輪をつくる活動がさかんです。そこに、ロボットの技術がくわわることで、さらに新しい形で人と人を結びつけることができるのではないか、と思います。

新しい友だちと知りあうことは、わたしたちの生活をさらに楽しく、豊《ゆた》かにし、能力《のうりょく》をのばす機会をあたえてくれるのです。

ただ、インターネットの使いかたには、じゅうぶんに気をつけるべきだと思います。日本では、インターネットで悪い人と出あい、犯罪《はんざい》に巻《ま》きこまれる事件《じけん》が起きていますね。中国《ちゅうごく》でも、とても心配なことが起きています。

インターネット中毒です。インターネットの世界で会話をしたり、情報を見たり、ゲームをしたり、それを一日じゅうやっているのです。中国では、そんなインターネット中毒の子どもが数十万人もいるそうです。

インターネット中毒は、なにが問題なのでしょう。

たとえばインターネットやゲームの世界では、登場人物がたおれたり、死んだりしても、リセットボタンをおせば、また復活《ふっかつ》しますね。インターネットの世界は、環境《かんきょう》が単純《たんじゅん》すぎるのです。

ところが、現実《げんじつ》はそんなに単純ではありません。もっと、もっと複雑《ふくざつ》です。友だちを傷《きず》つけてしまったら、たいへんですね。意見が合わない友だちとでも、ゆずりあったり、たとえ口げんかをしても、なぐりあって傷つけたりしないように、気をつけるはずです。

それには、知能《ちのう》が必要なのです。単純な世界にばかりいると、知能が育ちません。この本のはじめで、話したとおりです。

インターネットやゲームがいつもみなさんに悪い影響《えいきょう》をあたえる、といっているのではありません。ゲームも使いかたしだいで、わたしたちの能力《のうりょく》をのばすことに役立てられます。使いかたをまちがえるとだめだ、ということなのです。

インターネットやゲームをじょうずに使えば、わたしたちの暮《く》らしを楽しく、豊《ゆた》かにし、みなさんの能力をのばしてくれます。さきほど紹介《しょうかい》した、ゲームを楽しみながら運動するゲーム機は、とてもよいヒントになると思います。

兵隊ロボットには反対！

ロボットも、よい影響ばかりをみなさんにあたえるとは限《かぎ》りません。ロボットとのつきあいかたも考えなければいけません。

わたしがもっとも心配しているのが、ロボットが戦争に使われることです。そういった研究は秘密《ひみつ》でおこなわれているので、具体的なことはわかりません。でも、どうやら最近、研究がどんどん進んでいるようです。

ロボットがすごい戦闘《せんとう》能力をもつようになると、人間の兵士よりも、ロボットを戦場に行かせるようになるでしょう。

あるアメリカ人の科学者が、こんなことをいっていました。

「人間がロボットのペットになるのは、まだ幸せだ。悪くすると、人間はロボットの食べものになってしまうだろう」

兵隊ロボットが戦場でたくさんの人を殺して、戦争の役に立つとわかると、さらに兵隊ロボットがつくられる。まるでロボットが人間を食べて、どんどんふえていくようになるかもしれない……、という指摘《してき》です。

わたしは、兵隊ロボットの開発には、絶対《ぜったい》に反対です。そういう思いからも、兵隊ロボットとはまったく反対の役割《やくわり》をする、友だちロボットをつくりたいのです。

ロボットが身近になれば……

さて、もう一つ、わたしが友だちロボットに期待していることを紹介しましょう。

コンピューターはたくさんの情報《じょうほう》を集めて、それを細かく調べたり、将来《しょうらい》起こる可能性《かのうせい》があることを予測《よそく》したりできます。だから、ロボットが友だちのように身近になれば、みなさんはなにかを考えたり、判断《はんだん》したりするときに、ロボットを通じてコンピューターによる分析《ぶんせき》や予測を手に入れて、それを参考にする機会がふえるでしょう。

コンピューターがいつも正しい、とは限りませんが、人間の友だちとはちがう意見をいってくれるかもしれません。それが、大事なのです。

みんなでなにかを決めるとき、より多くの人たちの意見や、強いリーダーの意見に思わず賛成《さんせい》してしまうことがありますね。でも、あとからよく考えてみると、あまり正しい判断《はんだん》ではなかった、と思うこともあるのではないでしょうか。

もっと、もっと大きな集団でも、同じようなことが起こる場合があります。正しくない意見や判断に、みんなが賛成してしまう、ということです。

たとえば、戦争はよくないとわかっていながら、あるときには多くの国民が戦争に賛成してしまった、といった歴史があります。そんなとき、身近にいるロボットがコンピューターによる分析《ぶんせき》や予測《よそく》からことなる意見を紹介《しょうかい》し、それによって正しい判断へと導《みちび》くことができたら、ロボットは人間にとって、とても大切な友だちになれるでしょう。

いつもあなたのいうことを聞いてくれたり、意見に賛成してくれる人だけが、ほんとうの友だちではありません。あなたをがんばれとはげましたり、ときにはちがう意見をいってくれる、それがほんとうの友だちです。人が正しく判断したり、能力《のうりょく》をのばしたりするには、そんな友だちが必要なのです。

そのような友だちロボットを、いつか、かならずつくりたいと思います。

友だちロボットはいつごろできる?

友だちロボットは、いつごろできるのでしょう。

今、この本を読んでいるみなさんが大人になり、結婚《けっこん》して子どもができるころには、家族の一員として、家庭の中にいるでしょうか。

ここで、人の顔について、ちょっと考えてみましょう。友だちロボットなら、家族の顔とほかの人の顔を見わけることが必要です。

たとえば、ある人を真正面から見たときと、横から見たとき。それぞれは、ちがったふうに見えますね。それでもわたしたちには、同じ人の顔かどうかが、すぐにわかります。よく考えると、これはふしぎだと思いませんか。

正面と横からの顔が同じ人間かどうか、なぜそれがわかるのか、というしくみはよくわかっていません。だから、ロボットに同じことができるようにするための方法も、まだありません。

しかし、今の技術《ぎじゅつ》の進歩から考えると、二〇年後くらいならば、家族の顔や声を見わけたりできるでしょう。さまざまな運動能力も、ことばを理解《りかい》する能力も、ずいぶん発達しているはずです。うれしいとか悲しいという、〝心〟のようなものをもたせることができるかもしれません。

ロボットにもっともむずかしいのは、さまざまな環境《かんきょう》に適応《てきおう》する能力でした。二〇年後でもむずかしいだろうと予想されるのは、家族一人ひとりの性格《せいかく》や、その時どきの状況《じょうきょう》に合わせて、必要な働きをすることなどでしょう。

それでは、さまざまな環境《かんきょう》に適応《てきおう》する能力《のうりょく》について、この本の最後にもう少し、みなさんと考えてみることにしましょう。

第五章　ロボット研究から考える、かしこさと知能《ちのう》

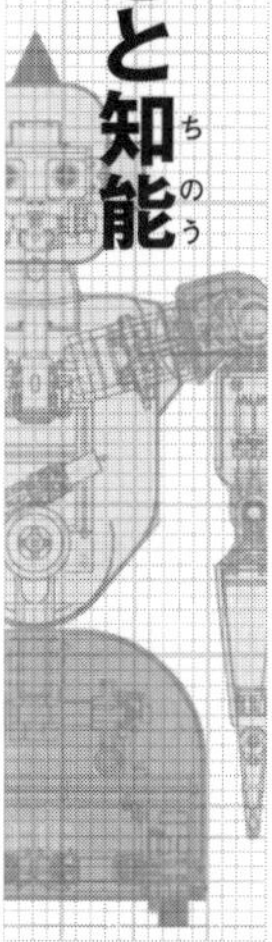

見つかる？　環境《かんきょう》に適応《てきおう》するしくみ

わたしたち人間や生物が、その時どきの状況《じょうきょう》や環境に合わせて行動する能力のことを、この本では知《ち》能《のう》といってきました。わたしたちは、より専門《せんもん》のことばで、「環境適応力《かんきょうてきおうりょく》」とよんでいます。

たとえば、お兄さんやお姉さんのような友だちロボットは、ときにはあなたをきつくしかることが大切です。でも、元気がなかったり、気分がすぐれないときに、あまりきつくしかられたら、ロボットをきらいになってしまうでしょう。だからといって、わんぱくな子にやさしくしかっても、いうことを聞きません。しかる相手が小さな子どもだったら、どうでしょう。

その子の性格《せいかく》や年齢《ねんれい》によって、しかりかたを変えないといけませんね。

あらゆる年齢、さまざまな子どものしかりかたを、一つひとつロボットに教えこむなど不可能《ふかのう》です。ロボットがその場、その時どきで判断《はんだん》し、しかりかたを決めなければなりません。しかることにも、環境適応力が必要なのです。

環境適応力がどのように生みだされるか、それはまだよくわかっていません。五歳《さい》の子どもに必要な

こと、みなさんのような小学生や中学生に必要なこと、そしてわたしのような大人に必要なことは、それぞれちがいます。

小学校の算数を教えるといったことなら、子どもの勉強の進み具合に合わせてロボットが教えかたを使いわける、ということはできはじめるでしょう。算数の勉強の進み具合は、テストで一〇〇点だとか、五〇点だとかの数値《すうち》にしやすく、とてもわかりやすいからです。

しかし、人をだきあげる場合、だかれる人の姿勢《しせい》から、心地よいだきかかえかたをロボットに考えさせるのはとてもむずかしい、と話してきました。どんなだきあげかたがもっとも心地よいのかを、一〇〇点、五〇点と、数値にするのはむずかしいですね。

わたしたちの場合は、うでにどういう力がかかるのかを触覚《しょっかく》で感じながら、うでの角度や力のかけ具合を調節していると考えられます。でもそのときに、どういう情報《じょうほう》をもとに、どうだきかたを調節しているのでしょう。両うでや、こしで感じる力をくらべているのでしょうか。それが、わからないのです。

生物は五感を使って、まわりの環境《かんきょう》からいろいろな情報を得ています。その情報をどのように使い、そのときの環境に合わせた行動を、どう決めているか、それがよくわかりません。

人間や生物が環境に合わせて行動する環境適応力《てきおうりょく》。それが生みだされるしくみがわかれば、それをロボットに教えこんで、ほんとうに人間のような友だちロボットができるかもしれません。

二〇年後、はたして友だちロボットや介護《かいご》用《よう》ロボットは、大活躍《だいかつやく》しているでしょうか。ある限《かぎ》られた勉強や遊びをいっしょにしたり、介護士《かいごし》を手伝うロボットは実現《じつげん》できるでしょう。しかし人間のように、あらゆる環境に合わせて行動できるロボットとなると、かなりさきの未来のことかもしれません。

環境適応力のしくみが見つかるかどうか、それにかかっているのです。あした見つかるのか、百年後でも見つかっていないのか、わかりません。その法則《ほうそく》を見つけること。今、わたしはそのことに、もっとも関心があります。

環境《かんきょう》に合わせることの「五つのレベル」

環境適応について、もう少し考えてみましょう。

生物は、環境に合わせて行動するように進化してきましたが、それには五つのレベルがあります。

一つ目は、体の形です。

鳥は空という環境に合わせて、つばさをもつようになりました。空を自由に飛びまわれるように、体の形を変えていったのです。同じように魚は、水の性質《せいしつ》に合わせて体の形を進化させていきました。

チョウは、幼虫《ようちゅう》のときは植物の葉の上などをはって移動《いどう》し、成虫《せいちゅう》になると空を飛びます。地上と空という、二つの環境《かんきょう》に合わせて、一生のうちに体を変化させるのです。

これらはまさしく、生物が環境に合わせて進化した結果です。

二つ目は、機能的《きのうてき》なレベル。体のしくみといったほうがわかりやすいでしょうか。

ちょっと実験をしてみましょう。夜なら、みなさんのいる部屋の明かりを瞬間的《しゅんかんてき》に暗くしてみてください。はい、どうぞ。

この本の字が読めましたか。

もちろん、すぐにはむりですね。映画館《えいがかん》などの暗い場所に入ったときも、最初はまわりがよく見えません。でも、しばらくすると、座席《ざせき》の

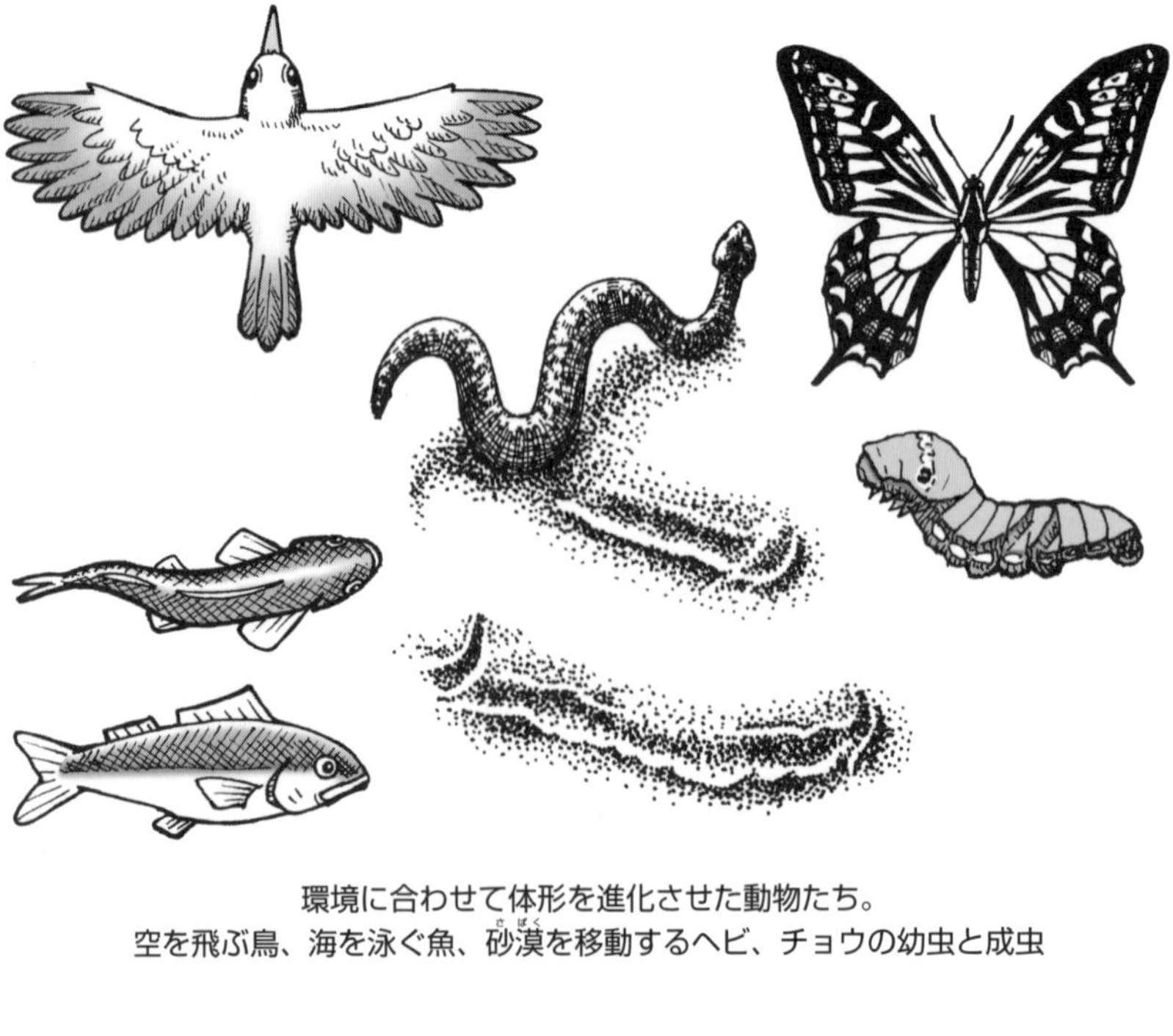

環境に合わせて体形を進化させた動物たち。
空を飛ぶ鳥、海を泳ぐ魚、砂漠《さばく》を移動するヘビ、チョウの幼虫と成虫

まわりのようすが見えてきます。

反対に、車に乗ってトンネルから出た瞬間は、風景がとてもまぶしく感じられます。でもそれは、一分以内でおさまるものです。

これは、目の瞳孔《どうこう》という光が入るあなが、明るさによって小さくなったり大きくなったりして、目の中に入る光の量を調節しているからです。つまり、明るさに合わせる目のしくみが備《そな》わっているのです。

耳にも、環境適応力《てきおうりょく》があります。前にも話しましたが、雑音《ざつおん》が多い中にいて、必要な人の声だけを聞きわける能力《のうりょく》です。学校の休み時間にまわりがザワザワしていても、いっしょにしゃべっている友だちの声はちゃんと聞こえますね。それは、相手の声だけに注意を向けて、聞いているからです。

ところが教室の音を録音し、家に帰ってから聞くと、どうでしょう。友だちの話はほとんど聞きとれません。これも、音の環境に合わせた体のしくみなのです。

三つ目は、作業的なレベルというものです。相撲《すもう》の例がわかりやすいでしょう。相撲では、相手の動きかたに合わせて、力のかけ具合を変えなければいけません。相手という環境に合わせて、力のかけかたを変える、という作業をしているのです。

四つ目は、社会的レベルです。たとえば、みなさんが転校したとしましょう。すると、新しい学校やクラスの友だちに慣《な》れなければいけません。新しい学校やクラスは、みなさんにとっての社会です。その社会に合わせて行動できるようにする能力《のうりょく》です。

人間にもまだまだ欠けている能力《のうりょく》

さて、最後の五番目が、いちばんむずかしい能力かもしれません。文化的レベルでの環境適応《かんきょうてきおう》です。文化については、みなさんも社会科の授業《じゅぎょう》などで、世界にはさまざまな文化があると学んでいることでしょう。そして、文化のちがう国どうしが、戦争をくりかえしてきた歴史も、そのうちに学ぶはずです。

ちがう文化をもつ人どうしが、いっしょにうまくやっていく知恵《ちえ》が、人類にはまだまだ足りません。このレベルまで来ると、人間も環境適応力《てきおうりょく》がひじょうに弱いのです。人間はロボットよりは多くの面で環境適応力にすぐれていますが、文化的レベルになると、落第点しかつけられません。

みなさんも将来《しょうらい》、外国に行って勉強や仕事をしたり、日本へやってきた外国の人と友だちになることがあるでしょう。そこでは、社会的レベルや文化的レベルの環境適応力が必要です。

わたしも二〇年以上前に、中国《ちゅうごく》から日本という外国に来て、環境に適応するのがたいへんでした。日本に来たばかりのとき、こんなことがありました。当時、研究を指導《しどう》してくださっていた先生に、おすしをごちそうしてもらったことがあります。食べてみて、びっくりしました。わさびのからさに、です。中国にも、とうがらしなどを使ったからい料理はありますが、わさびのようなからさは初めてだったのです。

「いつもは親切な先生なのに、なんでこんなにからいものを食べろというのだろう。いたずらなのかな」と、思ったほどです。

「食文化」ということばがあります。外国の文化に適応して暮《く》らすには、その国の食べものに慣れることがとても大切です。数年後には、こんなこともありました。来日してから初めて、中国に数か月間帰る機会がありました。ある朝、目が覚めたときにわたしは、「みそ汁《しる》が飲みたい！」と思ったのです。それは、わたしが日本の食文化という環境に適応したあかしでしょう。

わたしは、西洋の国ぐにが生みだしてきたこれまでの科学技術《ぎじゅつ》は、環境に合わせるのではなく、環境を自分たちに合わせてつくりかえたり、環境に打ちかとうというものだったと思います。ちょうど、風に打ちかって飛ぶ飛行機のように。

いっぽう、生物はそうではなく、環境に合わせて、環境をじょうずに利用して行動します。風を利用して、木の間をしなやかに飛びまわる鳥のように。

日本や中国など、東洋の国ぐににある「自然と調和する」という考えかたは、生物の環境適応のしかたと共通するものがあると思います。

話が、少しむずかしくなってしまったかもしれません。

ロボット研究から少しはなれて、中国《ちゅうごく》での、わたしの子ども時代の話をしましょう。「自然と調和する」とはどういうことか、かしこさや知能《ちのう》、ロボットについてわたしが考えていることを、みなさんにもっと理解《りかい》してもらうために、ぜひとも必要だと思うからです。

生きものへの興味《きょうみ》

わたしは一九六三年に、中国の蘇州《そしゅう》という町で生まれて育ち、七歳《さい》のときにいなかへ引っこしました。姉が四人いて、男はわたしひとりだけ。遊びが大好きで、とにかく学校の友だちと、遊び放題でした。

当時の中国は、今とはまったくちがいました。「文《ぶん》

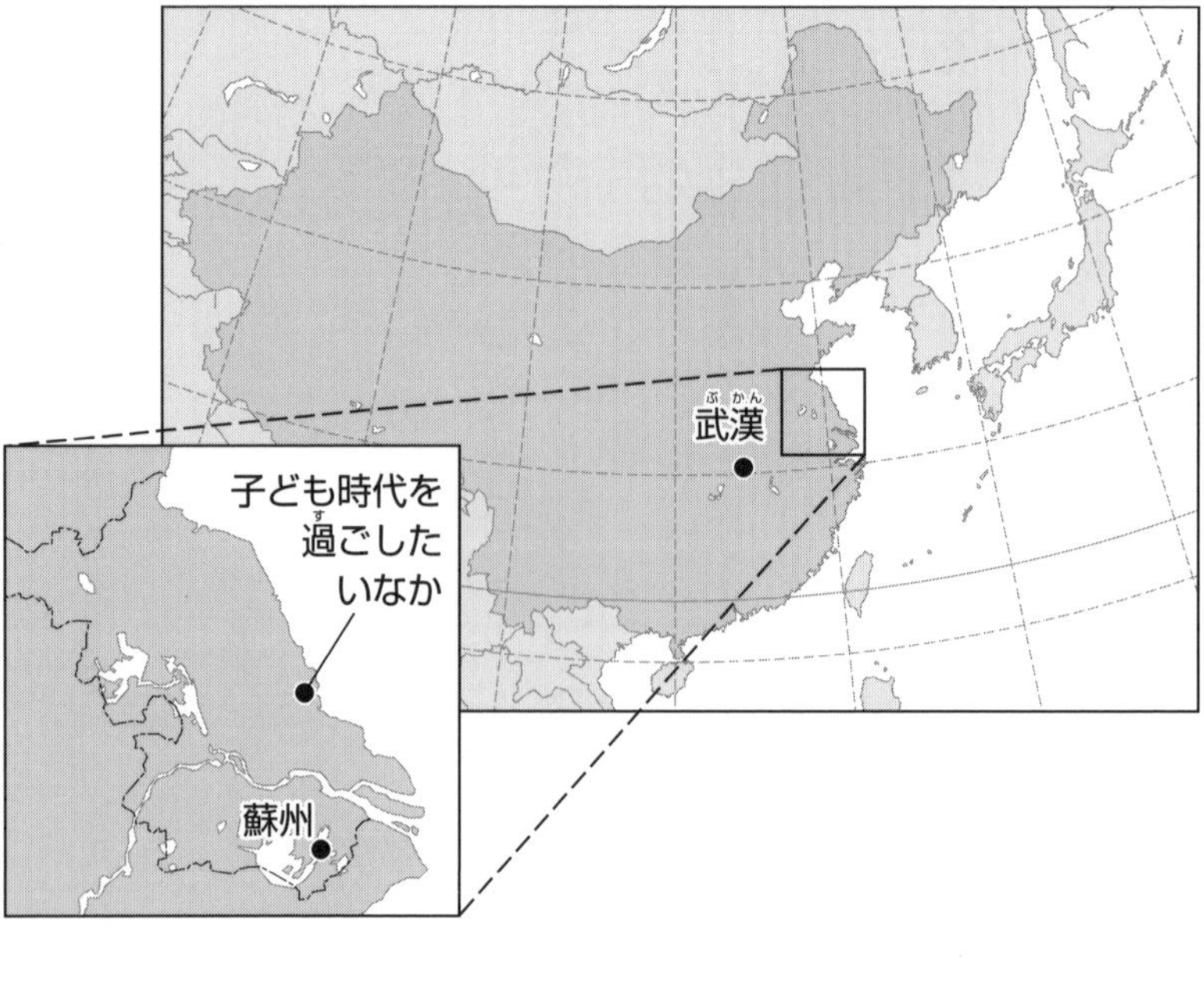

化大革命《かだいかくめい》」という時代です。

当時は、勉強がよくできたとしても、大学へ入れるということはありません。中国のすべての大学が閉《し》められ、入学試験はなく、授業《じゅぎょう》もしていませんでした。小・中学生のころ、わたしは大学に行くことなど、夢《ゆめ》にも思いませんでした。姉の一人がとても優秀《ゆうしゅう》だったので、彼女《かのじょ》をまねて勉強も少しはやっていました。でも、遊びに八〇%くらいの時間を使っていたと思います。

田畑を耕《たがや》すのに、今は機械ですが、当時は牛を使っていました。昼間、田畑で働かせた牛は、夕方に川で泳がせたり、草を食べさせたりしないといけません。それは、子どもたちの仕事でした。小学校の授業が終わると急いで、牛を川に連れていくのです。わたしは、親子二頭の担当《たんとう》でした。友だちも二頭から三頭くらいまかされていて、いっしょに川へ行きます。その時間がとてもおもしろくて、楽しみでした。

姉たちと農作業をする著者《ちょしゃ》（写真／著者）

そのころ、生まれたばかりのヤギを友だちからもらい、自分で育てていました。いい草をとってきては食べさせ、大きく成長させたのですが、わたしはそのうちに、無関心になってしまったのです。
あるとき、飼《か》っていた部屋のドアを閉《し》めわすれたため、外へ出たヤギが朝つゆがついた草を食べて、おなかをこわしてしまいました。生きものはきちんと世話をしないといけないのだと、強く思いました。そのことを、今でもはっきりと覚えています。実際《じっさい》の生きものは、ゲームの中のキャラクターのようにリセットできないのです。

家にはロバもいて、その背中《せなか》に乗る練習もしました。ロバはなかなか、人を乗せてくれません。人を乗せることがきらいなのです。わたしはそれを知らなくて、いっしょうけんめいに乗ろうとして、何回も転びました。そしてようやく、乗ることができました。こつを身につけたわけですね。

勉強はあまりしませんでしたが、体を使ったことはたくさんやりましたよ。体で覚えるかしこさ、知《ち》能《のう》は、そのころにきたえられたのだと思います。

とにかく、動物と遊ぶことが大好きでした。生きものに興味《きょうみ》をもったのは、このころの経験《けいけん》が大きいようです。

なやんだ末の進路

本格的《ほんかくてき》に勉強に取りくみはじめたのは、中学校に入ってからのことです。父がもっていたソビエト連《れん》邦《ぽう》（ソ連《れん》。現在《げんざい》のロシアを中心とする地域《ちいき》）の物理の教科書を、中学二年生のころから勉強しました。

物理が好きになったのは、その教科書のおかげです。

しかし当時、中国《ちゅうごく》とソ連は戦争状態《じょうたい》でした。ソ連の教科書をもっていることが見つかれば、逮捕《たいほ》されます。だから父は、ほかの人にその教科書を絶対《ぜったい》に見せるなといって、わたしにだけ見せてくれたのです。

当時の中国の、中学校の教科書はすごくうすっぺらで、事実しか書かれていません。まったく、おもしろみがありませんでした。

いっぽう、ソ連の教科書はとても分厚《ぶあつ》いものです。たとえば温度の勉強をするところでは、どうしてポットはお湯の温度を保《たも》てるのか、という身近な現象《げんしょう》の原理が、たくさん書かれていました。それほどむずかしい数式を使っているわけではありません。身近ないろいろな現象がなぜ起きるのかを、科学的に説明するというスタイルです。

その教科書を読み、そこに書かれた問題をやっておくと、夜に父が採点《さいてん》しておいてくれます。父は化学の先生で、長い間、物理は教えていません。だから、わたしの答えが正しいのに、ときには採点をまちがえたりしました。そのようなことが何回か続き、わたしのほうが物理をよくわかっていると、父もみとめてくれたのです。

そのころ、近所の子どもたちが、わたしのお父さんに勉強を教えてもらうために家に来ていました。そのうち、「お前がやりなさい」と父にいわれ、わたしが教えるようになりました。中学生のころには、二年から三年年上の高校生にも教えていました。そのころからすでに、先生の気分を味わっていたのです。

物理がとても好きでしたが、さきほど話したように、勉強ができても大学に行ける時代ではありませんでした。いなかでは、なにか特技《とくぎ》を身につけないと将来《しょうらい》の生活が苦しい、と教えられていました。それで、中学生のときからバイオリンを練習していました。高校卒業のころには、バイオリンがじょうずだったのですよ。音楽の学校に行くことも考えました。

高校生のころに、やっと大学が再開《さいかい》しはじめました。

姉二人が医科大学に通っていたので、医学へ進むことも考えました。生物も好きだから、医学もいいかなと思ったのです。でも、物理も好きです。どちらへ進もうか、とてもなやみました。

あるとき、姉の医学の教科書を見ると、ものすごく分厚《ぶあつ》い。それで、あきらめました。わたしは、暗記することがきらいなのです。原理を考えたり、新しい発見をしたりすることに興味《きょうみ》があったのです。それで、武漢《ぶかん》という町にある、華中工学院《かちゅうこうがくいん》工業自動化学科というところを受けることにしました。

いなかにいるときには、英語の教育をあまり受けていません。高校の二年生のころに、両親とともに町へもどり、転校しました。物理や化学、数学には自信があったのですが、英語はまったくだめです。それで英語の勉強をがんばり、大学入試にぎりぎりで間にあいました。こうしてなんとか、志望《しぼう》どおりの華中工学院工業自動化学科へ入ることができたのです。

そこでは、機械をコントロールする研究について学びました。そのあと日本に来て、名古屋《なごや》大学に学び、ロボットの研究をするようになりました。

わたしには当時から、独自《どくじ》の勉強法がありました。あるときにそうしたら、前の日の勉強をよく覚えていたのです。今でもやっているし、わたしの子どもたちにも教えています。とくべつに、ここで紹介《しょうかい》しましょう。

二〇分間集中して勉強したら、一五分間くらい遊びましょう。その遊びは、体力を使うことが効果的《こうかてき》です。走ったり、ジャンプしたり、そういう運動をしましょう。それでまた二〇分間勉強して、また休む。

日本へ来た当時の著者《ちょしゃ》（写真／著者）

だらだらと勉強するのは、もっとも効率《こうりつ》が悪い。人間が集中できるのは、せいぜい二〇分間だからです。

今でもわたしは、それがくせになっています。リズムをつくって勉強することが大事です。

ロボットと人間のよい関係

大学の入学試験よりも、大学へ入ってからの試験のほうがものすごくたいへんでした。ふだんの勉強もたいへんでした。先生は午前中に授業《じゅぎょう》をやり、午後はわたしたちの宿舎《しゅくしゃ》に来て、そこで宿題を指導《しどう》します。それが、すごくきびしい。

しかし、大学でのこの教育には、問題があったと思います。すべて教える、徹底的《てっていてき》に教えるというやりかたです。ロボットでいえば、この場合にはこうすればいいという指令を、たくさんつめこんでおくことに似《に》ています。でも、それだけでは、いろいろな状況《じょうきょう》に合わせてうまくやっていくかしこさ、ほんとうの知能《ちのう》をロボットにもたせることができないことは、この本で何度も話してきましたね。

人間の教育でも、同じです。たくさんの知識《ちしき》を教えこんだだけでは、環境適応力《かんきょうてきおうりょく》は育ちません。中国《ちゅうごく》での大学時代には、机《つくえ》の上の勉強がとても多かったので、手を使ってものをつくるためのこつも、身につきませんでした。

ロボット研究から考えると、かしこさ、知能、環境適応力を育てる理想の教育は、「網型《あみがた》」だと思います。網は、縦糸《たていと》と横糸が交わるところを、しっかりと結んであります。そこが大事なポイント、こつに当たるところなので、きちんと教えます。

しかも、布《ぬの》のように縦糸と横糸がびっしりと織《お》りこまれているのではなく、大きな網目《あみめ》が空いていますね。わざと空白を残してあげて、そこをどのようにうめるのかは、学生自身が考えます。環境適応力を生かす部分を残しておくのです。

わたしが、神戸《こうべ》大学で大学生たちを教える際《さい》に、いつも心がけていることがあります。すでにわかっていることを教えるのではなくて、ものの考えかたやこつを教えて、あとはなにが足りないかを学生といっしょに考えることです。それが、ほんとうの学問なのだと、わたしは思うのです。

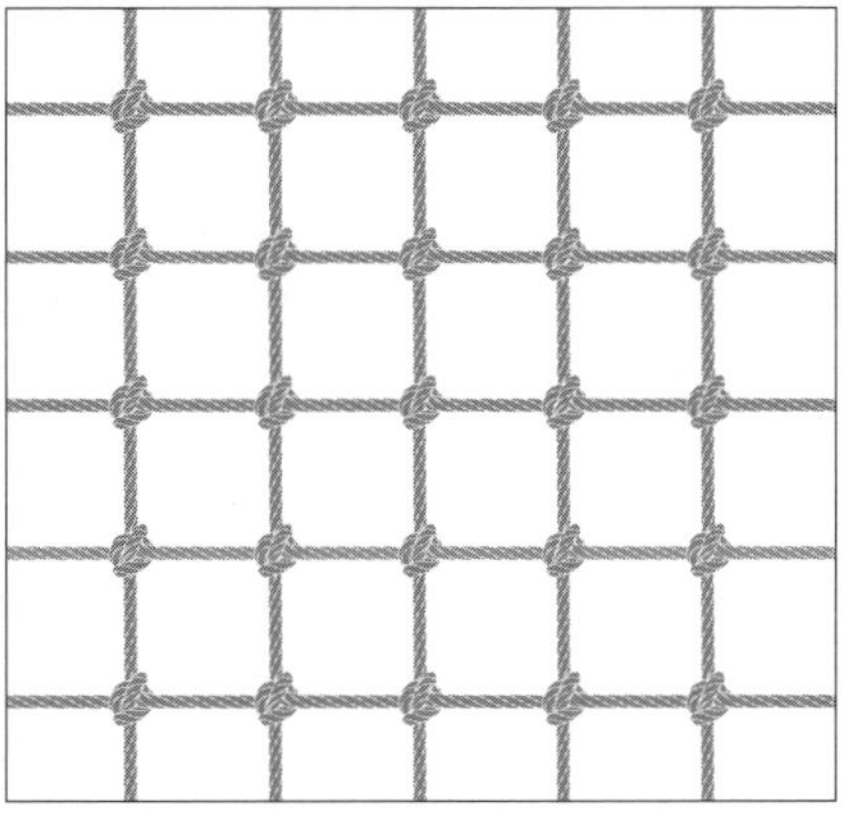

網の縦糸、横糸

小学校から高校くらいまでの勉強は、一人ひとりがもっている知識を使いこなせるように訓練することで、それがとても大切です。

でも大学からは、知識をもとにした環境適応力がないと、よい研究はできません。大学の先生が求める学生は、たくさんの知識をもっていてはやく問題が解《と》ける人より、よいアイデアをもち、やりかたも自分で考えて実行していくような人なのです。

　中学や高校の受験勉強では、知識《ちしき》をもとに、たくさんの問題を時間内に解《と》くことが必要です。大学に入ると、そういう能力《のうりょく》以上に、環境適応力《かんきょうてきおうりょく》が求められるのです。もし、あなたが科学者になりたいのなら、そのことはぜひ覚えておいてください。

　もちろん、環境適応力が求められるのは科学者だけではないでしょう。

　ロボットにできることがふえたとき、人間はロボットに負けないようにしないといけないと思います。人間は、ロボットがどうしてもできない能力をのばしていくべきです。それはやはり、環境適応力に関係することでしょう。

　ロボットと人間が競争するのではなく、ロボットがいることで、人間ならではのかしこさや知能《ちのう》、

神戸《こうべ》大学の研究室で学ぶ若《わか》い学生たちと著者《ちょしゃ》〔いちばん右〕（写真／著者）

環境適応力に気づいて、それをのばすことができる。それが、人間とロボットのもっともよい関係だと思います。

視点《してん》をたくさんもとう

ところでみなさんは、ロボットの研究をするには、どんな知識が必要だと思いますか。理科や数学などの、理科系《けい》の知識でしょうか。あるいは国語や社会科、芸術《げいじゅつ》のような、文科系の知識でしょうか。

もちろん、ロボットを設計《せっけい》するには、理科や数学の知識は欠かせません。

でも、まずは、社会の中でどんなロボットが必要とされているのかを知り、人間とロボットのかかわりあいかたから考えはじめなければなりません。それには、社会科の知識も必要です。

わたしたちと会話して、人間の考えていることを理解《りかい》するロボットをつくるには、国語の知識も欠かせません。人間に好かれるロボットをつくるには、美術《びじゅつ》や音楽などの芸術に親しみ、感性《かんせい》をみがくことも必要でしょう。

ここまでこの本を読んできたみなさんが、理科系と文科系のどちらの知識も必要だと感じてくれたら、がんばって書いた意味があったと思います。

ですから、研究者、とくにロボットの研究者になりたい人は、いろいろなことに興味《きょうみ》をもって、勉強してほしいのです。リハビリと同じで、意欲《いよく》がなくては、勉強しても効果《こうか》はあがりません。

そして、ロボットの研究者にとっていちばん大切なもの、それは遊び心だと思います。どんなことにも興味《きょうみ》をもって、おもしろがる好奇心《こうきしん》です。机《つくえ》の上の勉強だけでなく、いろいろな友だちといっしょに好奇心をもって遊ぶ中で、かしこさが育てられるのです。

ロボット研究者のわたしからすると、自分自身の子どもころの環境《かんきょう》は、とてもよかったと思います。まずしくとも、友だちや生きものに囲まれた、複雑《ふくざつ》で変化に富《と》んだ豊《ゆた》かな環境だったのですから。

そして、あちらこちらに目を向け、いろいろな考えかたを身につけて、たくさんの視点《してん》をもつことが大切です。自分とはちがったものの見かたや、ことなる意見にも耳をかたむけ、協調することが重要です。たくさんのことなる意見をぶつけあってこそ、初めて、正しくものを見ることができたり、新しいなにかを生みだすことができるからです。

RI-MAN《リー・マン》をつくるとき、新しいロボットを生みだすために、わたしたち研究者が一年間、本気になってけんかをし、意見をぶつけあったことを話しましたね。だからこそ、ことなる視点をもつ研究者たちが協調して、RI-MANという新しいロボットをつくりあげることができたのです。

ひとりの人間がどんなにがんばって視野《しや》を広げても、ものごとの全体が見えない場合があります。たとえば、目かくしをして、大きなゾウをさわっているようすを想像《そうぞう》してください。一人がゾウの一部分をさわっても、それがゾウだとは気づかないでしょう。しかし、たくさんの人が体のさまざまな部分をさわり、それぞれが情報《じょうほう》を出しあって話しあえば、ゾウだとわかるはずです。

たくましく生きぬく力

最後にもう一つ、みなさんに伝えたい大切なメッセージがあります。「たくましく生きぬくかしこさをもとう」ということです。

中国から日本に来たわたしから見ると、日本には、自分の人生を一つの視点からしか見ていないような人もいるのでは、と感じます。たとえば、いい学校に入学して、いい会社に入ることが、人生を成功させるためのゆいいつの道すじだ、という視点です。そのような視点しかもたないから、どこかで失敗したときに、自分の人生はもうだめだ、と落ちこんでしまうのです。失敗をとてもこわがり、ちょっとした失敗で、夢《ゆめ》をあきらめてしまうのです。

この本で何度も大切さを強調してきた環境適応力《てきおうりょく》、かしこさとは、社会が定めたコースにうまく乗るための能力《のうりょく》ではありません。そもそも、みなさんのこれからの人生を成功させるという、社会が定めたコースなどないのです。

長い人生では、失敗したり、めぐまれない環境にはまったりするなど、よくあることです。なにも、失敗しないようにすることが、かしこさではありません。失敗から立ちなおったり、めぐまれない環境でも楽しく進んでいく。どんな環境にいても、たくましく生きぬく能力が環境適応力であり、そのための知恵《ちえ》がほんとうのかしこさです。

わたしの少年時代、中国《ちゅうごく》のいなかでの生活を紹介《しょうかい》しました。楽しそうな生活だと感じたかもしれません。

ところが実際《じっさい》には、日本で育ったみなさんには想像《そうぞう》もつかないくらい、まずしくて、たいへんな生活でした。しかし、そのような中でも、みんなが楽しく、たくましく生きぬいていました。

今、わたしの研究者としての生活は楽しく、やりがいがあります。もちろん、たいへんなこともたくさんあります。

若《わか》い研究者たちを集めたRI－MAN《リー・マン》チームのリーダーになったときには、とても大きな責任《せきにん》を感じました。RI－MANの研究がうまくいくかどうかが、若い研究者たちの将来《しょうらい》を左右することになるからです。しかし、そのようなときでも、「中国のいなかで、あのまずしい環境《かんきょう》の中で、楽しく暮《く》らすことができた。だから、RI－MANチームのリーダーも、きっとうまくやっていけるはずだ」と、自分をはげますことができました。中国のいなかでの生活が、わたしにたくさんの視点《してん》をあたえてくれたのです。

いろいろなことに興味《きょうみ》をもって、視野《しや》を広げること。そして、さまざまな意見に耳をかたむけ、視点をたくさんもつこと。そうすることでみなさんが、これからの人生をたくましく生きぬく環境適応力《てきおうりょく》、ほんとうのかしこさを身につけてくれることを願っています。

そしてわたしは、みなさんが視野を広げ、視点をたくさんもてることを手助けする友だちロボットを、ぜひともつくりたいのです。その研究を、これからも続けていこうと考えています。

おわりに――ロボットを研究しているほんとうのわけ

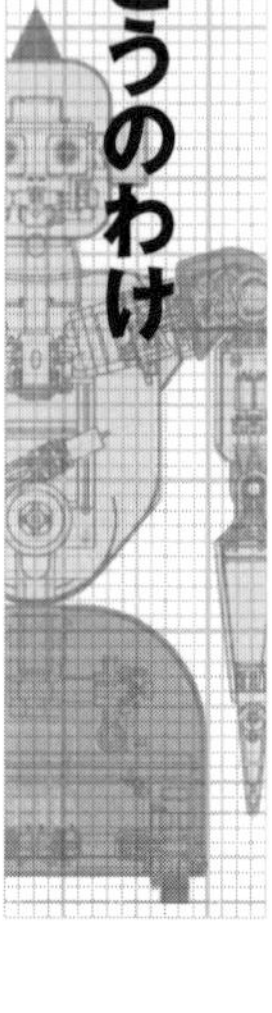

わたしは、介護用《かいごよう》ロボットをつくりたい、友だちロボットをつくりたい、とみなさんに話してきました。でも、わたしがロボットを研究しているほんとうの理由は、人間や生物のしくみを理解《りかい》したいからなのです。

人間や生物のしくみを知りたくて、考えて、考えぬいて思いついたのが、ロボットを研究することでした。わたしにとってロボットは、人間や生物を知るための、もっともすぐれたものさしなのです。

この本を、ここまで読みすすんだみなさんにはわかってもらえると思いますが、かしこいロボットは、ロボットのことだけを考えていても実現《じつげん》できません。人間や生物のしくみを調べる必要があるのでしたね。

反対に、ロボットをつくってみて初めて、人間や生物のしくみのすばらしさに気づくことがあります。わたしたちがなにげなくやっていることを、なぜロボットができないのか。それを考えると、人間や生物のすばらしさ、美しさに初めて気づくのです。

これからはみなさんも、身近なところでロボットを、もっと見かけるようになるでしょう。そのときには、よく観察してみてください。この本ではできないと書いたことも、どんどんできるようになっていくはずです。

そしてみなさん自身や、まわりの生きものと、よくくらべてみてください。すると、きっと自分の能《のう》力《りょく》や体のしくみのすばらしさに気づくはずです。生きもののすばらしさにあらためて気づき、びっくりするはずです。わたしたち、ロボット研究者のように。

ロボットがみなさんの身近なものになることで、生きもののすばらしさや大切さを感じ、考えてもらえることが、わたしの大きな願いです。

なぜ、生きもののすばらしさを感じてほしいのか。それには理由があります。

中国《ちゅうごく》のいなかで育ったわたしからみると、今のように、ほかの生きもののことを考えず、人間のことだけを考えた社会は長く続かない、と思うのです。ペットはいるかもしれませんが、ほかの生きものといっしょに暮《く》らしている、という感じはあまりないですね。

中国のいなかでは、人間が動物といっしょに働き、生活していました。自分で食べものをつくり、食べる。うんちは畑にまきます。それを微生物《びせいぶつ》が食べて分解《ぶんかい》し、作物の栄養となる。そういう循環《じゅんかん》がありました。

人間も、何万種類といる生物の中の、一種類にすぎないのです。しかし人間は、自分たちだけはとくべつだと思っています。でも、じつは孤独《こどく》なのです。つい百年、二百年前まではどこででも、わたしの子どものころのような暮《く》らしをしていました。家畜《かちく》と仕事をしたり、放牧したり、生きものとやりとりをした生活です。

生きものと切りはなされた暮らしの中で、わたしには、人間の心がさびしくなっている気がするのです。生物のことは、理解《りかい》しようともしない。

そこでロボットです。昔の生活にもどることはできないでしょう。しかしロボットを通して、人間や生きもののことをあらためて考えることで、ほかの生きものともっとかかわりあうような生活をする、そんな社会にしようとみんなが考え、行動してほしいのです。そうすれば、もっと人間の心が豊《ゆた》かになり、さみしくなくなると思うのです。

それが、わたしがロボットを研究しているもう一つの理由、そして願いなのです。

あとがき

この本ではＲＩ－ＭＡＮ《リー・マン》の開発を中心に、わたしが子ども時代に中国《ちゅうごく》のいなかで経験《けいけん》したことや、ロボットに対するさまざまな思いなどを書いてきました。本文でくわしくふれることはできませんでしたが、わたしがＲＩ－ＭＡＮの開発にかかわれたのは、たくさんの人びとのおかげなのだということを、最後にお伝えしておきたいと思います。

中国からロボット王国の日本へやってきたわたしを、ロボット研究の分野へと導《みちび》いてくださったのは加藤厚生《かとうあつお》先生です。愛知《あいち》工業大学に留学《りゅうがく》していたとき、たいへんお世話になった先生です。当時、ロボット研究者の間で大きな反響《はんきょう》をよんだ、ある考えかたがありました。わたしは、それをもとにした研究テーマに取りくんだのです。ロボットを使って実《じっ》際《さい》に確《たし》かめる実験を、無我夢中《むがむちゅう》でやっていた――そのことを、よく覚えています。

その加藤先生の紹介《しょうかい》で、名古屋《なごや》大学の伊藤正美《いとうまさみ》先生のもとに行ったわたしは、世界最先《さいせん》端《たん》のロボット研究にふれることができました。そこで最初に出あったのは、六つの関節をもった産業用ロボットです。今でも、神戸《こうべ》大学のわたしの研究室で、大切に保管《ほかん》しています。

その後伊藤正美先生は、愛知県名古屋市に、理化学《りかがく》研究所のバイオ・ミメティックコントロール研究センターをつくられ、わたしも、研究者の一人に選んでくださいました。伊藤先生のもと、高いほこりをもって研究活動にはげんだ毎日。そのおかげで、数かずの研究成果を得ることができたのです。残念なことに、研究の第一期が終わる直前、伊藤先生は病気でたおれ、他界されました。わたしにはとてもつらく、たいへんさびしいできごとでした。

研究の第二期には、この本にも登場した多くの若《わか》い研究者にめぐまれました。気持ちを新たに、人間とロボットとのかかわりについての研究を再出発《さいしゅっぱつ》させたのです。そのテーマの一つとして進めたのが、この本で紹介してきたRI－MANの開発、というわけです。

このように、加藤先生や伊藤先生をはじめ、日本や外国の先生方、理研《りけん》の研究員たち、そのほかにもたくさんの人びととのつながり、つまり「ご縁《えん》」が、わたしを育て、ロボットに対するわたしの考えかたを形づくってくれたのです。この本を出版《しゅっぱん》できた今、みなさんには心から感謝《かんしゃ》したいと思います。

この本の立案にあたっては、わたしたちの研究に注目してくれたフォトンクリエイトの立山《たてやま》晃《あきら》さんと、くもん出版の谷 延尚さんに感謝いたします。

内容構成《ないようこうせい》の検討《けんとう》から、編集《へんしゅう》、作図、校正などにいたるまで、立山《たてやま》さんと谷さんは何度も、神戸《こうべ》に来てくださいました。つねに子どもたちの目線から、むずかしいロボットの研究をわかりやすく伝えるための工夫について、数多くの議論《ぎろん》と助言をいただけたからこそ、この本を仕あげることができたのです。卓越《たくえつ》した編集能力《のうりょく》に敬意《けいい》を表すとともに、感謝《かんしゃ》いたします。また、原 祐佳里さんをはじめ、お世話になったくもん出版《しゅっぱん》の方がたにも、深く感謝いたします。

そして、あのまずしい時代にわたしを育て、今も故郷《こきょう》の中国蘇州《ちゅうごくそしゅう》で、高齢《こうれい》による生活の不自由さとさびしさにたえながらも、わたしの日本でのロボット研究・教育生活を許《ゆる》してくれている父、母、そして姉たちに、心より「ありがとう」の気持ちを伝えたいと思います。

この本にも書いたとおり、ロボットの研究は、同時に生物についての研究でもあり、工学技術《ぎじゅつ》と人間社会とのかかわりについての研究でもあります。つまり、わたしたちと密接《みっせつ》につながっているのです。

だから、みなさんがこの本をきっかけにして、生きものや人間のすばらしさについて考えてくれたら、わたしはうれしいです。そして未来の目標に向かって、たくさんの知識《ちしき》や能力、深く考える力、広くものごとを見る目を身につけくれることが、ロボット研究者であるわたしの願いでもあるのです。

二〇〇九年二月

羅　志偉

著者：羅　志偉（ら　しい）
1963年中華人民共和国蘇州市生まれ。中国の華中工学院工業自動化学科卒業。来日後、名古屋大学で学ぶ。博士（工学）。豊橋科学技術大学助手、山形大学助教授、理化学研究所フロンティア研究システムバイオ・ミメティックコントロール研究センター環境適応ロボット研究チームリーダーを経て、現在、神戸大学先端融合研究環教授(計算科学専攻)。2006年に開発した人型ロボット「RI-MAN」は、世界で初めて介護動作の一つである「人を抱き上げる」作業を行うことができ、世界中から注目された。その後も、環境適応ロボット、知覚・運動統合、ヒューマンインタフェース、介護支援工学の研究・教育に取り組む。

企画・編集・執筆協力
立山 晃（フォトンクリエイト）

地図・本文資料画
㈱スプーン

装丁・デザイン
㈱スプーン

友だちロボットがやってくる
みんなのまわりにロボットがいる未来

2009年３月29日　初版第１刷発行
2017年２月７日　初版第６刷発行

著　者　羅　志偉
発行人　志村直人
発行所　株式会社くもん出版
〒108-8617　東京都港区高輪４-10-18　京急第１ビル13F
電　話　03-6836-0301（代表）
03-6836-0317（編集部直通）
03-6836-0305（営業部直通）
ホームページアドレス　http://www.kumonshuppan.com/
印　刷　三美印刷株式会社

NDC530・くもん出版・128P・22cm・2009年・ISBN978-4-7743-1598-0